KB093947

멘탈이 강한 아이가 결국 해냅니다

멘탈이 강한 아이가 결국 해냅니다

• 내 아이 10살까지 길러주어야 할 3가지 멘탈 역량 •

임영주 지음

노란숟산

부모가 행복해야
아이도 행복합니다

캘리그라피_임영주

인생이란 폭풍이 지나가길 기다리는 것이 아니라

빗속에서도 춤을 추는 것이다.

- 미국 저술가이자 기업가, 비비안 그린

―――

내 아이가 어렵고 힘든 일을 만날 때
극복하고 이겨내 성장과 배움의 기회를 얻기를!
유연함과 단단함을 장착한
멘탈이 강한 사람으로 성장하여
해야 할 것은 인내와 끈기로
결국, 해내기를….

목차

CHAPTER 1
근본 육아란 아이 인생의 주춧돌과 기둥을 세우는 일

CHAPTER 2
정서 지능이 높은 아이 —————————

CHAPTER 3
자기 조절을 잘하는 아이

CHAPTER 4
인간관계가 좋은 아이

멘탈이 강한 부모가 되는 마법의 말,
"이만하면 잘하는 거야!"

'내가 지금 잘하고 있는 건가?'
'왜 이렇게 됐지? 내가 뭘 잘못한 걸까?'

아이를 키우다 보면 이런저런 생각과 고민이 꼬리에 꼬리를 물고 이어질 때가 있습니다. 최선을 다했음에도 자책감이 드는 순간도 있습니다.

왜 안 그렇겠습니까.
부모가 된 것도 처음이고 자신도 한 인간으로서 불안하고 두려울 때가 있는데, 한 아이를 성인이 되기까지 잘 키워야 하는 고난도의 역할을 해내야 하니 당연한 일입니다. 아이를 키우면서 불안감이나 우울감이 높아졌다면 '잘하고 싶은데 생각만큼 안 되기 때문'입니다. 잘 키우고 싶은 마음이 큰 만큼 불안감도 높아지기 마련이지요.

이럴 때 후회와 반성으로 자신을 의심하기 시작하면 육아는 점점 힘들어집니다. 육아가 생각만큼 잘 안될 때 '내 잘못'이라는 '잘못된 믿음'에 초점을 두지 말고 자신을 다독여야 합니다.

'이만하면 잘하는 거야.'

안 될 때도 있는 게 육아입니다

부모는 아이를 잘 키우기 위해 최선을 다해 노력합니다. 기쁘고 행복한 육아지만 힘들고 어려우며 마음대로 안 되는 일도 자주 일어납니다. 그럴 때 '잘못 키워서가 아니라 아이의 기질도 있고, 크느라 그럴 수도 있다'는 사실을 인정하고 받아들이면 부모의 자존감이 높아져 멘탈이 강한 부모로 거듭날 수 있습니다. 그러기 위해서는 자신에게 '이만하면 잘하는 거야'라는 육아 효능감을 높이는 말과 아울러

이 말도 들려주어야 합니다.

'육아라는 게 부모 뜻대로 안 될 때도 있다.'

그럼요, 사람이 사람을 키우는 위대한 일이 어디 그리 녹록한 일인가요. 이 사실을 인정하면 가벼워집니다. 나만 이런 게 아니고, 우리 애만 그런 게 아니라는 것만으로도 위로가 되는 게 육아니까요. 이 위로가 우리를 다시 힘나게하고 아이를 보며 웃게도 합니다.

우리는 얼마든지 쉽고 행복한 육아를 할 수 있습니다. 부모가 행복하면 아이도 행복합니다. 아이는 부모의 말, 표정, 태도, 숨결을 느끼며 부모의 모습에서 자신을 보니까요. 부모가 웃으면 아이는 자신을 사랑한다고 느끼고, 부모의 말 한마디가 아이의 자아정체성과 자존감에 그대로 영향을 줍니다.

쉽고 행복한 '근본 육아'
··································

육아가 쉽다는 게 아닙니다. 우리는 이미 그 어려움을 충분히 경험하고 있습니다. 그럼에도 어렵고 힘들지 않아야 육아를 더 잘할 수 있습니다. 육아 이론에 얽매이지 않고 이 세상에 하나밖에 없는 내 아이와 부모 상황에 맞는 육아를 하는 것이지요. 바로, 근본에 충실한 육아입니다.

근본을 잘 지켜서 키운다는 것은 내 아이의 발달과 부모에게 맞는 육아를 함으로써 부모와 아이 모두 행복해지는 것을 말합니다. 부모가 행복해야 아이도 행복하다는 제 연구소 슬로건을 이 책으로 보여드릴 수 있어 기쁜 마음입니다.

지금까지 육아가 어렵고 힘들게 느껴졌다면 이 책에서 보여드리는 쉽고 행복한 근본 육아와 솔루션이 육아가 쉽고 행복하다는 것을 깨닫고, 잘 해낼 수 있도록 안내할 것입니다.

'아, 이렇게 하면 되겠구나.'

30여 년간 부모교육전문가로 수많은 상담과 강연을 하고, 책을 집필하면서 '어떻게 하면 육아를 좀 더 쉽고 행복하게 할 수 있을까'를 늘 고민하던 제게도 어느 날 아침 '깨닫는' 일이 생겼습니다. 저는 이날 너무 기뻐 '유레카'를 외쳤습니다. 이미 알고 있지만 '깨닫는 것'은 다릅니다.

이 책을 통해 육아란 힘들고 어려운 일이 아니라 쉽고 행복하다는 것을 깨닫는다면 더 바랄 나위 없겠습니다. 그럴 거라고 확신하며 글을 썼습니다. 어떤 상황, 어떤 기질의 아이, 어떤 유형의 부모에게도 모두 적용되는 '근본 육아'를 강조한 이유이기도 합니다.

'멘탈이 강한 아이'로 키우는 '근본 육아' 솔루션

이 책의 '근본 육아'는 육아를 쉽고 행복하게 하면서도 멘탈이 강한 아이로 성장시키는 육아법입니다. 큰소리치지 않고, 화내지 않으면서 아이가 배워야 할 가치를 가르치는 부모가 되는 구체적인 방법과 사례, 솔루션을 제시합니다.

근본 육아의 첫 번째는, 아이 인생의 주춧돌을 놓는 '부모와 아이의 관계'입니다. 부모와 아이의 좋은 관계는 쉽고 행복한 육아를 가능하게 해주며, 평생 이어 나갈 부모와 자녀 관계를 만들어줍니다.

근본 육아의 두 번째는, 내 아이가 평생을 살아가는 데 힘이 될 2개의 기둥인 '유연함'과 '단단함'입니다. 부모와 아이의 잘 맺어진 '관계'라는 주춧돌 위에 부모의 온화함으로 '유연함'의 기둥을, 단호함으로 '단단함'의 기둥을 우뚝 세워주는 육아입니다.

근본 육아의 세 번째는, 아이 인생에 주춧돌을 놓고 기둥을 세운 위에 멘탈이 강한 아이로 키우는 3가지 축인 '정서 지능' '자기 조절력' '인간관계' 역량을 키우는 방법입니다.

'쉽고 행복한 근본 육아'는 내 아이가 자신이 해야 할 일을 결국 해내는 멘탈이 강한 아이로 성장시킬 것입니다. 이 책의 다양한 사례와 솔루션을 통해 당신의 소중한 아이도 결국 해내는 멘탈이 강한 아이로 키우는 성과를 이루시길 바랍니다.

임 영 주

근본 육아란
아이 인생의 주춧돌과
기둥을 세우는 일

소소한 것에서 깨달은 근본 육아

'유레카!'

무언가 깨달았을 때나 뜻밖의 발견을 했을 때 외치는 소리다. '깨달았다' '발견했다'라는 거창한 뜻에 비해 유레카의 일화는 소소한 일상에서 발단한다. 욕조에 들어갔을 때 목욕물이 넘치는 것을 본 아르키메데스가 부피와 질량에 대한 해법을 깨닫고 외친 소리이기 때문이다. 그날만 목욕물이 넘쳤을 리 없건만 이미 경험했던 일상의 일이 고민의 해결책이 되는 순간, 아르키메데스는 흥분해서 벌거벗은 채 뛰어다니며 유레카를 외쳤으리라.

고민하던 문제의 솔루션을 찾아낸다는 것은 그만큼 흥분되고 기쁜 일이다.

근본에 충실한 쉽고 행복한 육아

유레카, 라니!

너무 거창하게 시작했는가.

하지만 아이를 성숙한 인격체로 키우는 육아야말로 거창함을 넘어 '위대한 일'이니 어떤 비유인들 과장일까. 30여 년간 부모교육전문가로 강연과 상담을 하며 '어떻게 하면 이론에 얽매이지 않으면서 쉽고 행복한 육아를 할 수 있을까'를 항상 고민해왔다. 그리고 마침내 쉽고 행복한 육아의 해법을 찾아냈다.

'근본 육아'의 가치를 깨닫기까지

부모교육 특강을 앞두고 강의 생각으로 가득한 아침이었다. 그날도 강의 준비를 위해 평소처럼 PC를 켰는데 스크린에 고대 유적이 보였다. 바쁜 것도 잠시 잊고 고대로의 상상 속 여행을 하는데 그날따라 유독 눈에 들어오는 것이 있었다. 무한 감동과 신비의 세계로 안내하며 웅장한 힘을 느끼게 하는 것은 온전한 건축물이 아니라 '근본'처럼 남아있는 '주춧돌'과 '기둥'이었다. 그 순간 전율하듯 떠오른 단어가 '근본 육아'였다.

그동안 고대 건축물에 관심이 많아 유심히 봐왔지만 그날 본 주춧돌과 기둥에서 무엇을 깨달았길래 근본 육아의 해법이 보여 '유레카'까지 외쳤던 걸까. 고대 건축물의 주춧돌과 기둥을 보며 깨달은 근본 육아는 바로 이것이었다.

주춧돌 = 부모와 아이의 관계라는 초석 다지기
기둥 = 관계를 기초로 유연함과 단단함을 갖추어 주기

근본 육아란 부모와 아이의 관계라는 주춧돌을 놓고, 그 위에 유연함과 단단함이라는 기둥을 잘 세워주는 것이다. 이 근본만 충실히 지켜 육아한다면 어떤 기질의 아이든 어떤 유형의 부모든, 쉽고 행복한 육아를 할 수 있다는 확신이 들었다.

오랜 시간 동안 부모교육에 몸담아 오면서 나름 정립된 많은 콘텐츠가 있으니 그동안 이것을 몰랐을 리 없다. 그런데 건축물이 다 허물어져 사라졌어도 끝내 남아 세계문화유산으로 등재되고 세계인의 관심을 받는 고대 유적의 주춧돌과 기둥을 보며 육아에도 변치 않을 근본이 되는 주춧돌과 기둥이 있음을 다시금 깊이 깨닫게 된 것이다.

넘쳐나는 정보 홍수의 시대, 육아 분야에도 시대마다 유행하는 이론과 정보, 트렌드가 생기고 사라지기를 반복한다. 이 혼란함 가운데 부모는 어떤 이론을 선택하고 어떤 육아 가치관을 갖고 내 아이를 키워야 하는지 어렵고 힘들기만 하다.

그날 아침 유레카를 외치며 깨달은 내 아이의 주춧돌과 기둥을 세워주는 쉽고 행복한 근본 육아를 어떻게 해야 할지 지금부터 함께해 보자.

10살까지, 부모와 아이의 좋은 관계를 맺는 결정적 시기

부모와 아이의 관계가 왜 근본 육아의 주춧돌인가.

첫 번째, 부모는 아이를 키우고 아이가 성인이 되어도 부모와 자녀 관계로 평생을 같이 간다. 100~120세 이상의 수명 시대라면 100여 년을 함께하는 것이다. 수천 년 세월의 풍상을 겪어도 변함없는 고대 건축물의 주춧돌처럼, 부모와 아이의 관계를 견고히 맺으면 서로 독립적 인격체인 동시에 동반자로 100년의 삶을 행복하게 함께할 수 있다. 육아의 목표 또한 '부모와 자녀의 건강하고 행복한 독립' 아닌가.

두 번째, 쉽고 행복한 육아는 부모와 아이가 맺는 관계에서 결정된다. 부모와 아이의 관계가 탄탄하면 부모는 그 기초로 아이를 미래의 동량으로 키울 수 있다. 잘 맺어진 관계에서 부모는 아이에게 삶의 가치를 가르칠 수 있으며, 아이는 부모로부터 배워야 할 것을 받아들이고 배운다. 관계가 좋으면 그 사람의 말을 듣기 마련이다. 아이가 부모의 말을 듣는다면 육아는 쉽고 행복해진다.

내 아이 10살까지, 관계라는 주춧돌을 잘 놓는 부모가 되자. 이 시기가 부모와 아이가 관계를 잘 맺을 수 있는 결정적 시기다. 아이가 부모를 가장 좋아하고 필요로 하는 품

안의 기간이기 때문이다. 이 10년이 부모와 아이의 100년을 좌우한다.

쉽고 행복한 근본 육아는 '관계'가 결정한다

아이를 키우면서 부모가 가장 많이 하는 말이 "말 좀 들어"다. 육아에서 '부모 말'의 비중을 생각하면 관계가 육아를 결정한다는 말은 결코 과장이 아니다. 아이와 부모의 관계가 좋으면 아이는 부모의 말을 듣는다. 그 사람이 좋으면 그 사람의 모든 게 좋고, 그 사람의 말을 듣고 싶어 하는 심리학 이론 '감정전이 현상'도 이를 뒷받침한다.

반면, 부모와 아이의 관계가 나쁘면 아이는 부모의 말을 듣기는커녕 엇나간다. 그러면 육아는 어려워지고 부모의 육아 효능감이 낮아져 힘든 육아를 하게 된다. 아이가 부모를 좋아해서 부모 말을 잘 듣는다면 육아가 어려울 리 없다. 튼튼하고 아름다운 건축물을 짓기 위해 '주춧돌'이 중요하듯, 부모와 아이의 관계는 육아의 주춧돌이라고 할 만큼 중요하다.

아이가 부모를 좋아하고 필요로 하는 10살까지 관계의 주춧돌을 잘 놓았다면, 부모는 그 견고한 초석 위에 어떤 고난도 이겨낼 멘탈 강한 아이의 100년 삶의 기둥을 세워줄 수 있다. '유연함'과 '단단함'이라는 2개의 기둥이다.

아이를 동량으로 키우는 2개의 기둥

아이를 미래의 동량이라고 한다. '동량棟梁'이란 말은 기둥과 들보를 일컫는 건축학 용어로 '중책을 맡길 만큼 믿을 만한 사람'이라는 뜻도 있다. 핵심, 요체 등 매우 중요하다는 의미로도 사용된다.

부모는 내 아이가 동량이 되길 바란다. 자립심과 독립심을 키워주고, 인내와 끈기, 조절력을 가르쳐서 스스로 해야 할 일을 해내도록 하며 자존감과 책임감을 길러주는 것도 내 아이를 동량으로 키우려는 부모의 노력이다. 아이와 맺은 좋은 관계라는 주춧돌 위에 '유연함'과 '단단함'의 두 기둥을 세워주면 내 아이는 동량이 될 것이다.

아이에게 유연함과 단단함의 기둥을 세워주려면 부모는 사랑과 지지를 담은 온화함과 경계와 한계를 알려주는 단호함으로 육아와 훈육을 해야 한다. 이런 부모에게서 자란 아이는 어떤 시련과 세월의 풍상에도 의연하게 남아 감동을 불러일으키는 고대 건축물의 기둥처럼 100년의 세월을 유연하고 단단하게 견디고 성취하며 살아갈 것이다.

'유연함'의 기둥을 세워주는 부모의 '온화함'

부모는 아이와 잘 맺어진 관계 속에서 '평소에는 온화함'으로, '훈육 상황에서는 단호함'으로 육아를 해야 한다. 온화함에는 미소와 칭찬, 격려와 위로 등이 포함된다. 단호함에는 엄격함과 부모 말이 곧 규칙이라는 신뢰가 들어있어야 한다. 부모의 온화함은 아이의 내면을 따뜻하게 채우고, 가치감과 자존감을 올려주며, 훈육 상황에서의 단호함은 아이에게 세상의 이치와 규칙을 알게 하고 조절력을 높여준다. 이런 부모에게서 자란 아이는 유연함과 단단함을 장착한 멘탈 강한 아이로 성장한다.

온화함으로 아이의 기둥을 세워주는 사례를 보자.

∶ 사례 ∶

아들과 엄마가 아이스크림 가게에 왔다. 아이는 기분이 너무 좋아서 엄마에게 '웃기는 말'을 시작한다.

아이 : 엄마, 사오정이 아이스크림 가게에 와서 뭐라고 했게?

∶ 반응 1 ∶

엄마 : (기대하는 목소리로) 사오정이 뭐라고 했는데?

엄마 : (귀찮다는 목소리로) 쓸데없는 소리 말고 얼른 골라!

〈반응1〉은 온화함이다. 아이의 말에 보인 엄마의 반응에는 존중이 들어있다. '네가 하는 말을 기대한다'는 엄마의 반응에 아이의 자신감이 상승한다. 자기 말에 귀 기울여주고 반응하는 엄마를 보며 아이는 자신이 사랑받고 존중받는다는 것을 느끼며 자기 가치감을 높인다.

〈반응2〉는 아이의 기를 꺾고 자존감이 낮아지게 하는 냉담한 반응이다. 아이의 말에 귀 기울여주지 않고 무시하는 상황이 반복된다면 관계는 점점 멀어지고, 아이는 엄마의 말을 듣지 않을 확률이 높아진다.

온화함이란 부드럽고 따뜻함을 말한다. 사랑스러운 내 아이가 나를 부를 때 어떻게 바라보는가? 아이가 웃기려는 말을 하면 어떤 반응을 보이는가.

부모의 성향상 잘 웃고 온화한 미소를 잘 짓는 경우라면 좋겠지만, 아닌 부모도 있을 것이다. 그렇다면 온화해지려고 노력해야 한다. 아이가 웃기려고 할 때 '웃어주려고 노력하고 미소 지으려고 노력하는 것'이 부모다워지려고 노력하는 것이다. 웃어주는 것은 아이에 대한 존중이며 배려다. 아이가 웃기려고 한 말에 크게 웃어주는 부모가 아이를 잘 키운다. 아이의 가치감을 올려주며 아이와의 관계를 잘 맺는 것은 물론이다. 아이 말이 웃기지 않아도 미소 정도는 지어 보일 수 있는 부모여야 한다. 이것이 아이의 자신감과 자존감을 올리는 부모의 온화함이다.

평소에 아이가 부르면 바라보며 "응, 엄마 불렀어?"라고 따뜻하게 대답하는 부모, 아이가 웃기려고 하면 웃어주는 부모를 보며 자라는 아이는 자신에 대해 긍정적인 믿음을 갖게 된다.

'나는 가치 있는 사람이야.'
'내가 부모님을 행복하게 해드리는구나.'

부모의 온화함 가운데 자란 아이는 유연하면서도 내면이 강한 아이가 된다. 부모의 이런 온화함으로 아이 안에 유연함의 한 기둥이 세워지는 것이다.

'단단함'의 기둥을 세워주는 부모의 '단호함'

아이를 키우면서 항상 웃어주고 온화할 수만은 없다. 이게 현실 육아다. 부모는 온화함과 함께 '단호함'을 꼭 갖추어야 한다. 부모의 단호함은 아이에게 '단단함'이라는 또하나의 기둥을 세워준다.

미성숙한 아이는 자기 욕구대로 하려 하는데, 부모는 욕구대로만 하려는 아이를 제지하고 바르게 이끌어주어야 한다. 이런 상황에서 부모가 보여야 할 것이 단호함이다. 육아를 하다 보면 부모의 단호함이 필요할 때가 많다. 부모의 역할은 아이의 바른 태도와 습관을 형성해 주고, 규칙을 알려주어야 하며, 아이 자신과 타인의 안전을 지키도록 가르치는 것이기 때문이다.

아이는 욕구와 감정대로 행동하려는 발달 과정에 있으므로 부모의 가르침에 순순히 따르지 않는다. 하지만 부모는 자신의 감정이나 행동을 다루는 데 서툰 아이를 반복해서 가르쳐야 한다. 아이가 떼쓰고, 고집부리고, 거짓말을 하는 등 옳지 않은 행동을 할 때는 훈육도 해야 한다. 이때 보여줘야 할 것이 감정 조절력을 갖춘 부모의 단호함이다.

만약 부모가 단호해야 할 때 그냥 넘어간다면 아이는 '제 맘대로' 살게 된다. 하고 싶으면 하고, 안 하고 싶으면 안 하는 통제 불가의 사람이 되는 것이다. 부모는 아이의 제 맘대로 욕구에 끌려가지 말고 단호하게 가르쳐서 해야 할 일은 하도록 해야 한다.

"하기 싫어도 해야 해."
"하고 싶어도 하면 안 돼."

상황에 따라 강한 지시가 필요할 때도 있고, 때로는 마음 읽어주기도 해주어야 하지만 부모가 궁극에 가르칠 가치는 '그럼에도 해야 한다'와 '하면 안 된다'이며 이때 필요한 부모의 태도가 단호함이다. 이 단호한 사랑을 실천하지 않으면 아이는 우뚝, 설 수 없다. 세상의 규칙과 약속도 지키지 않는다면 아이 자신의 건강과 안전도 지킬 수 없으며 어떤 재능이 있어도 펼칠 수 없다.

부모와 아이가 잘 맺은 관계라는 주춧돌 위에 부모의 온화함과 단호함으로 아이에게 '유연함'과 '단단함'의 두 기둥을 세워주자. 그러면 시대를 초월해 감동을 주는 건축물처럼 아이는 어떤 시대, 어떤 상황에서도 훌륭한 적응력과 강한 멘탈을 가진 동량이 될 것이다. 부모의 온화함과 단호함으로 세워준 유연함과 단단함의 두 기둥이 조화를 이룬 아이, 100년의 세월을 유연하면서 강한 멘탈로 당당하게 살아가는 내 아이를 상상해 보라.

다행히 이 모든 것은 내 아이 10살까지 부모에게 달렸다. 더욱이 잘 맺어진 관계라는 주춧돌 위에 두 기둥을 세우기 때문에 어렵지 않게 해낼 수 있다. 근본에 충실한 육아로 쉬운 육아, 행복 육아를 할 수 있는 것이다. '근본 육아'의 힘을 다시 깨닫게 된다. 유레카다!

나는 어떤 유형의 부모일까?
4가지 부모 유형

부모의 양육 유형을 파악하는 것은 육아에서 중요한 일이다. 양육 유형은 양육에 대한 부모의 태도를 말하며, 유형에 따라 부모와 자녀 관계가 결정된다. 또한 자녀의 정서 발달, 성격, 자아정체성 형성에도 큰 영향을 미친다.

'나는 어떤 유형의 부모일까?'를 아는 것은 부모로서의 육아 효능감을 높이고 육아를 좀 더 쉽게 해준다. 내가 어떤 유형의 부모인지 알면 자신을 돌아보며 양육 방식을 보완할 수 있다는 점에서 더욱 유용하다. 이 장에서는 '권위주의적' '허용적' '방임적' '권위 있는'의 4가지 유형으로 구분

한다. 지금부터 부모의 유형을 알아보고, 나는 어떤 유형의 부모인지 확인하고 보완해서 쉽고 행복한 육아를 해보자.

첫 번째, 권위주의적 유형의 부모

"시키면 시키는 대로 해."
"하라면 하지 무슨 말대꾸야?"

권위주의적 부모는 이런 마인드로 아이를 대한다. 아이의 대답을 '말대꾸'로, 아이의 질문을 '따지는 것'으로 해석해 아이를 몰아붙이는 말을 한다. 부모가 권위적인 방식으로 양육한 아이는 자라서 부모가 되었을 때 어려서 부모에게 무조건 복종했던 과거를 떠올리며 '나는 안 그랬는데 너는 왜!' 식으로 아이에게 투사하기도 한다. 엄격한 통제를 하며 아이의 잘못을 드러내 처벌하지만, 애정과 지지는 없는 부모 유형이다.

권위적인 부모는 자신의 감정을 조절하지 않고 아이에게 조절력을 가르치려는 이율배반적인 모습을 보인다. 화, 강압, 분노 등 부모 자신의 감정은 조절하지 않은 채 아이의 조절력을 가르치려는 자체가 모순이며 제대로 가르칠 수 없음에도 이런 양육 태도를 고수하는 것이다. 화(분노) 관리Anger Management가 안 되면 안정되게 가르칠 수 없으며 아이는 부모의 모순된 모습에 저항감을 가질 뿐 따르지 않는다. 부모는 자신을 따르지 않는 아이를 보며 권위에 도전한다고 생각해 더욱 강압적이 되는 악순환이 반복된다.

"말 들어!"
"어디서 꼬박꼬박 말대꾸야!"

이런 권위적인 부모라면 아이와 관계만 나빠질 뿐이다. 권위주의적 부모에게서 자란 아이는 불안감이 높고 자율성과 사회성이 부족하며 인간관계의 어려움을 겪을 확률이 높다. 부모의 지나친 통제가 아이로 하여금 분노와 공격적인 성향을 강화시키기 때문이다.

부모는 아이의 말을 '말대꾸'가 아니라 아이의 '생각과 의견'으로 받아들이고 존중하려고 노력해야 한다. 부모의 권위는 부모다운 노력을 할 때 세워지는 것이다.

두 번째, 허용적 유형의 부모

아이에게 '넘치는' 사랑을 주는 부모 유형이다. 지나치면 모자람과 같다는 말처럼 이 유형은 아이에게 넘치는 자유를 줄 뿐 아이가 배워야 할 가치를 가르치지 못한다. 허용적인 부모는 얼핏 민주적인 부모처럼 보인다. 부모 또한 자신이 민주적인 육아를 한다고 생각하지만 적절한 경계와 한계를 정해주지 않아 아이를 혼란에 빠뜨리는 유형이다.

허용적인 부모는 '아이와 친구 같은 관계'를 이상적으로 생각하고 아이와 어떤 식으로든 동등해지려고 한다. 아이에게 사랑받으려는 나머지 아이가 옳지 않은 생각과 판단을 해도 아이에게 맞춘다. 아이를 과소평가하거나 과대평가해서 일을 대신해 주기도 하고 얼토당토않은 칭찬을 하는 등 아이에게 끌려다니는 육아를 하면서도 자신은 친구 같은 부모라고 착각하기도 한다.

'친구 같은 부모'의 참 의미는 부모가 아이와 친구가 되는 것이 아니다. 놀 때는 친구처럼 즐겁게 놀되, 가르치고 이끌어줄 때는 '어른 부모'가 되어야 한다. 아이는 안전한 울타리를 원한다. 그러므로 허용적 부모는 아이에게 무한정의 자유를 허용할 것이 아니라 경계와 한계를 알려주는 육아로 그 가치를 알려주고 조절력을 높여주어야 한다.

허용적 부모라면 다음의 말을 연습하자. 말과 표정이 일치하도록 하며 목소리 톤이 단호해야 함은 물론이다.

"하기 싫어도 해야 해."
"하고 싶어도 하면 안 돼."

세 번째, 방임적 유형의 부모

너무 바쁘거나 다른 일에 몰두하는 부모, 에너지가 부족한 부모에게 나타나는 유형으로 아이에게 무관심하다가 문제가 생겨야 비로소 '부정적 반응'으로 관심을 보인다. 평소에 아이에게 전적으로 일임하다 문제가 발생하면 믿는 도끼에 발등 찍힌 듯 가혹하게 대하기도 한다. 아이가 부모에게 물어보면 "네 맘대로 해" "네 일은 네가 알아서 해야지"라며 아이에게 자율권을 주는 것 같지만 이는 아이를 가족 구성원으로 크게 여기지 않는 것이다. 아이의 관심사나 발달 상황에 대해 잘 알지 못한 경우에도 방임형이 되기 쉽다.

만약 부모의 에너지 부족으로 방임적 육아를 한다면 부모는 잘 먹거나 충분히 자고, 산책이나 운동 등으로 충전을 해야 한다. 신체적 에너지를 충전시켜 정신적인 에너지에 나눠주는 것이다. 그래야 아이에 대한 이해와 관심으로 적절한 반응을 할 수 있다.

네 번째, 권위 있는 유형의 부모

아이에 대한 사랑은 '무조건'이지만 합리적인 '경계 설정'을 해주는 이상적인 유형이다. '권위주의적' 부모가 상하식 제압으로 권위를 해석하며 내세운다면, '권위 있는' 부모는 평소에는 온화함으로 아이를 대하면서 한계를 설정해 줄 때는 단호한 사랑을 실천한다. 아이 중심 육아를 하지만 아이에게 끌려가는 육아가 아니라 적절하게 이끌어 다음 단계로 나아가도록 해주는 부모다.

권위 있는 부모는 아이에게 의견을 물어보고 조율하며 동등한 인격체로 대하지만 아이는 아직 미성숙한 존재임을 알고 성숙한 발달을 위해 도와준다. 평소에는 '네 존재만으로 매우 자랑스러워'를 표현하고, 훈육 상황이나 '안 돼'라는 말이 필요할 때는 단호하게 한다.

아이는 부모를 신뢰하기 때문에 부모의 지시에 저항할 일이 생겨도 결국은 따른다. 권위 있는 부모의 가장 큰 장점은 부모의 삶이 본보기가 된다는 점이다.

보완하고 절충하며 쉽고 행복한 육아하는 부모 되기

권위주의적 육아는 가장 쉬운 육아 방식인 것 같지만 아이가 어느 정도 자라면 격렬하게 반항한다. 허용적 부모에게서 자란 아이는 부모의 사랑을 듬뿍 받으면서도 불안감을 느끼며 안전한 울타리, 경계를 간절히 바란다. 모든 결정을 자신이 해야 한다는 건 아이로서 버거운 일이기 때문이다. 방임적 부모에게 충분한 보살핌을 받지 못하고 자란 아이는 부모에게 받지 못한 사랑과 관심을 엉뚱한 곳에서 찾기도 한다. 너무 바쁜 부모, 자신의 성취에만 몰두해 방임 육아를 한 경우라면 최악이다. 아이에게 관심은 없으면서 아이의 부족한 부분만 지적해 자존감을 떨어뜨리기 때문이다.

자신이 어떤 유형의 부모인가를 아는 것은 '나는 그런 부모구나'라는 규정을 짓기 위해서가 아니다. 누구나 권위 있는 이상적인 부모가 되고 싶지만 부모의 건강이나 다양한 현실 상황, 아이 연령과 기질에 따라 많은 변수가 생기는 게 육아다. 부모 역할을 수행하다 보면 4가지 유형의 부모를 넘나들기도 해서 혼란스러울 때도 있다. 괜찮다. 내 유형을 파악하고 좀 더 나은 부모가 되겠다는 노력, 아이와 함께 성장하겠다는 태도가 중요하다.

나의 부모님을 떠올려보자. 나에 대해 충분히 알려고 노력하셨는가? 내가 사랑받고 있음을 느끼도록 표현해 주고, 내가 하면 안 되는 것과 해야 할 것을 정확하게 알려주셨는가? 실수하고 실패했을 때는 어떤 반응을 보여주셨는가?

이제 내가 부모님께 바랐던 점을 생각해 보자. 내 욕구를 이해하고 나를 있는 그대로 인정해 주는 부모, 내가 못 하면 비난하지 않고 무엇을 도와줄지 물어봐 주는 부모, 나를 믿어주고 내가 좀 더 나은 선택과 결정을 하도록 이끌어주는 부모, 사회적 기준과 규범을 따를 수 있게 정확한 기준과 한계를 알려주는 부모, 실수와 실패로 좌절했을 때 따뜻하게 안아주고 다시 시작할 수 있게 격려하는 부모, 그리하여 마땅히 해야 할 일과 이뤄야 할 발달 과업을 잘 성취하도록 도와주는 부모.

정리해 보니 내가 바란 이상적인 부모는 결국 권위 있는 부모다. 완벽한 부모는 될 수 없지만, 내가 바랐던 부모를 기준 삼아 육아를 한다면 이상적인 부모가 될 수 있는 것이다. 이상적인 부모는 사전에나 있는 게 아니다. 나의 유형을 알고 절충·보완하며 내가 바랐던 부모의 모습을 대입하면서 노력하면 된다.

완벽할 수는 없을 것이다. 부모도 부모가 처음이니까. 최선을 다했지만 안 되는 일도 있음을 인정하고, 부모 스스로 '나는 괜찮은 부모' '이만하면 괜찮은 육아'라는 자신감을 가지고 육아 효능감을 높이면 된다.

내면이 유연하고 단단한 멘탈이 강한 아이로 키우는 육아를 하려면 부모 자신이 단단해야 가능하다. 그런 부모가 욕구대로만 하려는 아이를 제대로 키울 수 있는 '멘탈이 강한 권위 있는' 부모이다.

권위 있는 부모의 육아법을 잘 보여주는 사례를 소개한다. '직업인으로서도 일류, 인성에서도 최고'라고 격찬받는 손흥민 선수의 아버지 손웅정 감독의 인터뷰 내용이다. 손 선수를 잘 키운 육아법이 널리 알려져 성공한 부모로 손꼽히는 그는 권위 있는 부모의 전형을 보여준다.

"많이 놀고, 보고, 경험하게 하며 꿈을 찾아 스스로 동기 부여하도록 키웠다. 강자로 키우려고 노력했다. 강자는 돈 많고 힘이 센 게 아니다. 남에게 휘둘리지 않고 자기 인생을 주도적으로 사는 게 강자다. 안 되는 것은 안 된다고 확실히 정해주고 이 부분은 아이와 타협하지 않았다."

그가 인터뷰 마지막에서 강조한 메시지는 권위 있는 부모 유형의 화룡점정이다.

"자기 욕망부터 다스리는 부모가 아이를 가르칠 수 있다고 생각하며 부모로서 평생 솔선수범했다."

이상적이고 권위 있는 부모 솔루션

1 | 평소 아이에게 온화한 반응을 한다

권위 있는 부모는 칭찬과 훈육이라는 육아를 통해 아이를 단단하고 건강하게 자라게 해 기량을 맘껏 펼치게 한다. 그 예로 칭찬과 인정의 순간을 놓치지 않고, 아낌없이 표현한다. '굳이 내가 표현하지 않아도 아이가 알겠지'라는 태도가 아니라 구체적인 칭찬과 인정, 격려를 하며 아이의 기를 살려주는 부모다.

권위 있는 부모는 평소에 아이가 부르면 "응, 엄마 불렀어?" 하며 온화하게 반응한다. 이 반응이 아이의 자신감과 자존감, 정체성 형성에 얼마나 중요한지 알기 때문이다. 부모가 보여주는 온화함은 아이의 정서적 창고를 채워주고, 아이는 건강한 정서를 바탕으로 부모의 '훈육'도 받아들이는 긍정적이고 유연한 내면을 갖게 된다.

2│아이에게 지침과 한계를 확실하게 알려준다

권위 있는 부모는 '아이는 세상의 기준과 규범을 배워가는 발달 과정'에 있으므로 정확한 기준을 알려주고 가르쳐야 한다는 것을 알고 실천한다. 한계 설정은 아이의 자유를 제한하는 게 아니라 위험으로부터 보호하는 일임을 알고, "네 마음대로 해"라든가 "그건 네가 알아서 해야지"라는 말 대신 "하면 안 돼" "이렇게 해야 해"라는 명확하고 단호한 지침을 알려주는 것이다.

'이렇게 하면 내가 위험하구나.'
'이러면 다른 사람에게 피해를 주는구나.'

부모의 가르침을 통해 이런 경계를 알게 된 아이는 자신을 안전하게 지키며 타인과의 관계를 원만하게 맺어나간다.

3│선택의 범위와 경계를 실행할 때 효과적인 표현을 한다

권위 있는 부모는 지침을 알려줄 때도 효과적으로 한다.

1 | 안전에 관한 건 선택권을 주지 않는다

"저기 올라가면 될까? 안 될까?" → NO

"올라가면 안 돼." → YES

2 | 시간과 상황에 따라 선택의 범위와 경계를 정한다

• 선택권 있는 상황 : 아이와 내일 입을 옷을 정하는 경우

"입으라는 대로 입지, 왜 고집이야?" → NO

"내일은 어떤 옷을 입고 싶어?" → YES

• 선택권 없는 상황 : (지각할 상황 등)한계선을 명확하게 알려줄 경우

"지금은 시간이 없는데 어떡하지? 어떻게 할까?" → NO

"오늘은 ○○가 늦잠을 자는 바람에 옷 고를 시간이 없어.
지금은 이 옷을 입고 가자." → YES

아이의 기질을 알면 육아가 쉽다, 3가지 기질

내가 어떤 유형의 부모인지를 살펴보았다면 이제 아이의 기질에 대해서 알아보자. 아이의 기질을 알고 '근본 육아'를 하면 아이를 더 잘 키울 수 있다.

아이의 기질은 까다로운 기질Difficult Temperament, 더딘 기질Slow to Warm Up Temperament, 순한 기질Easy Temperament로 나뉜다. 이 3가지 기질 외에 어느 기질에도 분류가 안 되는 독특한 조합의 기질을 가진 아이도 35%나 되지만 "우리 애는 순한 기질인 것 같아요" "우리 애는 까다로워요" "우리 애는 느려요"라는 기질적 특성 어딘가에 우리 아이가 해당할 것이다.

내 아이는 어떤 기질이며, 각각 기질의 강점을 어떻게 키워주어야 부모와 아이 모두 행복한 육아를 할 수 있을까.

아이의 기질을 파악하면 아이를 잘 키운다

기질에 관한 대표 연구로는 심리학자인 알렉산더 토마스Alexander Thomas & 스텔라 체스Stella Chess의 기질 분류법이 있는데, 아이 기질을 알고 그것에 맞게 양육하면 아이를 잘 키울 수 있다는 전제로 참고할 만하다. 유의할 점은 기질은 날 때부터 가지고 태어난 생물학적인 특징이자 자극에 반응하는 행동 유형이라는 점이다. 그러므로 기질을 바꾸려는 노력보다는 그 기질을 알고 이해하려는 노력이 우선되어야 한다.

아이가 어떤 상황에서 어떤 반응을 보이며 받아들이는지 잘 파악하면 아이 기질의 강점을 살리는 육아를 할 수 있다. 아이의 '기질'과 부모라는 '환경'이 조화를 이루면 아이가 '잘' 성장한다. 만약 부모가 아이 기질을 모른 채 탓하거나 비난하면 아이는 '나는 그렇고 그런 아이야'라고 자신을 각인시킨다. 부모가 별 의도 없이 하는 말에는 아이 기질 탓을 하고 규정화하는 말이 제법 많다.

"애가 까다로워서 뭐 하나 넘어가는 게 없어." **- 비난**

"그렇게 순해 빠져서 어떻게 살래?" **- 걱정과 비난**

"아이고, 그렇게 느려서 언제 하려고 그래?" **- 불신과 질책**

이런 말은 아이 기질을 약점 삼은 말이다. 이 말에 아이가 '나는 원래 그런(까다로운, 순해 빠진, 느린) 아이야'라고 규정한다면 자존감이 낮아질 수밖에 없다. 기질은 기질일 뿐 좋고 나쁨이 없다. 기질을 알면 2가지 면에서 육아에 큰 도움이 된다.

1 | 기질을 알면 아이의 행동 특성을 이해하게 된다

'내 아이가 그래서 이러는구나!'

2 | 기질을 알면 강점으로 키울 수 있다

아이의 기질적 특성을 존중하면 부모가 아이의 기질에 맞게 육아를 하므로 기질의 강점을 살려서 키울 수 있다.

기질에 대해서 좀 더 자세히 살펴보며 적절하고 효과적

인 양육법을 알아보자.

첫 번째, 까다로운 기질의 아이

까다로운 아이는 낯설거나 새로운 상황 또는 자극을 쉽게 받아들이지 못하고 환경에 영향을 많이 받는다. 에너지 레벨이 매우 높고 자기 맘대로 안 되는 상황이나 욕구가 좌절되는 상황에서 불편함을 가감 없이 표출한다. 환경에 순응하기보다 그 상황에 화를 내고 자기식대로 바꾸려고 한다. 부모의 "안 돼"라는 말에 "왜 안 돼?"라며 떼를 쓰거나 드러눕는 등의 행동을 한다. 부모의 말을 빌리면 한마디로 '키우기 힘든 아이'다. 하지만 강점을 살려 키우면 원하는 바, 목적한 바를 잘 이루는 영민한 아이로 성장한다. 이 기질은 통계적으로 전체의 10%를 차지한다.

두 번째, 더딘 기질의 아이

더디다는 건 발달이 느린 게 아니라 '반응이 느린' 것을 의미한다. 전체의 15%를 차지하는 더딘 기질은 단지 행동이 느린 게 아니라 상황과 환경에 적응하고 편안해지는데 시간이 좀 더 걸리는 경우다. 싫고 좋음이 분명하지 않거나 낯가림이 많아 새로 접하는 상황에 선뜻 나서지 않고 망설이는 특징을 보인다. 재촉하지 않고 충분히 기다려주는 것이 중요하다. 더딘 아이는 적응하는 데 시간이 걸리지만 적응하면 제대로 깊이 있게 해낸다는 기질적 강점에 주목하자.

세 번째, 순한 기질의 아이

순한 기질은 '이런 아이라면 열 명은 키우겠다'고 할 정도로 환경에 순응하고 예측 가능한 반응을 하는 기질로 전체의 40%를 차지한다. 키우기에는 좋지만 지나치게 양보하거나 자기 것을 뺏기고도 가만히 있어 부모 마음에는 슬그머니 '이렇게 순해서 이 험한 세상을 어떻게 살아가나'하는 불안감이 든다. 하지만 기질을 걱정하기보다 그 자체를 인정하고 도와주면 인격 형성에 긍정적으로 작용한다.

진짜 힘들어, 까다로운 기질의 아이라면

까다로운 기질의 아이는 대체로 감정 표현을 강하게 한다. 욕구가 좌절되면 목소리가 커지며 행동도 과격해진다. 야단쳐도 잘 해결이 안 되는 경우가 많다. 아이의 기분이 나쁠 때도 많고 자기주장과 표현이 강하다. 예전의 육아 방식이라면 '매를 버는 아이'일 것이다. 하지만 이 특징을 잘 헤아려 키우면 육아에 도움이 될 것이다.

"또 시작이야? 왜 그러는데? 어쩌려고 그래?"

지금까지 수백 번 소리쳐봤지만 소용없었을 것이다. 부모가 아이와 같이 목소리를 높이면 훈육 상황만 길어진다. 아이가 까다로워서 걱정이라면 이렇게 해보자.

예를 들어 아이가 목청껏 짜증 내는 상황이 있다면 부모는 아이의 감정에 끌려가지 말고 '시작했구나. 침착하자'라고 이성적 차분함을 유지하도록 의식하며 감정 조절을 한다. 그리고 상황에 맞춰 차분하고 힘 있는 목소리로 말하는 것이다.

"엄마가 네 말 안 들어 줘서 화났어?"

이 말을 한 후에 부모는 말을 멈추고, 아이가 감정을 가라앉힐 때까지 기다리는 게 중요하다. 만약 부모가 이성을 잃고 짜증을 내면서 말한다면 서로의 분노지수만 올라갈 것이다.

"엄마가 바빠서 그런 건데, 뭘 그런 걸 갖고 소리 지르고 그래!! 조용히 못 해!!"

아이가 '자기주장과 표현'이 강하다는 점을 인정하고 "이렇게 해" "이거 골라"라는 말보다 "어떤 거 고를 거야?" 등으로 아이가 '내가 선택했어'라는 마음이 들도록 한다.

까다로운 아이를 둔 부모의 경우 감정조절을 잘하는 것이 정말 중요하다. 짜증 내는 아이에게 끌려가지 말고, '아이는 아직 어리고 판단력이 약하니까 어른인 내가 조절하자'라는 마음을 가져야 한다. 그렇잖으면 아이의 기질과 부모의 감정이 충돌할 가능성이 크다.

까다로운 기질의 아이는 억누르려고 하기보다 선택할 기회를 주는 게 좋다. '자신에게 선택권이 있다'는 느낌이 들면 고집을 덜 부리기 때문이다. 이 기질의 경우에는 잘 키우면 자신이 하고자 하는 일을 끝까지 추진하는 진취력과 성취감이 높은 아이로 자란다.

에구, 느려! 더딘 기질의 아이라면

더딘 기질의 아이는 부모를 애타게 하는 경우가 많다. 아직 어려서 미숙한 데다 기질상 적응이 더디므로 부모가 보기에는 이래저래 답답하게 느껴질 수 있어서다. 더딘 기질의 아이에게는 최소한 이런 말을 삼가야 한다.

"너 언제 할래? 그렇게 느려 터져서 걱정이야 정말"

'느려 터져서'라는 말 자체가 부정적이다. 이 기질의 아이가 태어나 가장 많이 들은 말이 "느려서"라는 말이고, "느려서 걱정이다, 언제 하나?" 등 부정적인 말일 것이다. 그러면 아이는 느리고 더딘 기질을 자신의 정체성으로 삼게 된다.

'나는 느리고 제대로 하지도 못하고 답답하고 속 터지게 하는 아이구나.'

부모는 제대로 잘하자고 하는 말이지만 아이에게는 '제대로 못 하는 나'라는 인식을 심어주는 것이다. 자신을 그렇게 규정하면 그런 사람이 된다. 아이가 더뎌서 걱정이라면 이렇게 해보자.

예를 들어 아이가 새로운 환경에 접할 상황이라면 아이가 좋아하는 장난감이나 책을 가져가는 것이다. 익숙한 것과 함께하면 덜 불안하기 때문이다. 더딘 기질의 아이는 겁이 많을 수도 있다. "괜찮아. 뭐가 무섭다고 그래?" 하며 그 상황에 억지로 노출하지 말고 아이의 두려운 마음을 공감해 주며 "두려울 수도 있어"라고 감정을 인정해 주면, 아이는 안심한다.

"뭐가 무섭다고 그래?"는 위로가 아니라 '네 감정은 틀렸어'라는 의미로 전달될 수 있다. 부모에게는 아무것도 아니지만 더딘 기질의 아이에게는 두려울 수 있다. 이걸 알아주는 게 공감이며 더딘 아이의 적응을 돕는 말이다.

꼼꼼하게 하느라 느린 건지, 못해서 느린 건지, 두려움이 많아 적응이 늦은 건지 잘 살펴서 도움을 주는 것도 중요하다. 꼼꼼하게 해냈을 때 놓치지 말고 "꼼꼼하게 참 잘했네"라고 칭찬해 주면 기질을 강점으로 올려줄 수 있다.

'느리지만'은 생략하고 '꼼꼼하게 잘한 것'에 초점을 두는 말은 아이에게 유능감을 선사한다.

'아, 나는 잘하는 아이구나.'
'나는 꼼꼼하게 잘하는구나.'

이런 인식은 아이를 더 유능하게 한다. 아이는 점점 잘하게 되고, 잘하게 되면 꼼꼼하게 하면서도 속도가 더 빨라질 것이다. 느린 것을 강조하는 것과 꼼꼼하게 해낸 것을 강조하는 것. 같은 상황에서 어떤 면을 부각하느냐의 차이는 점점 더 크게 난다.

열 명이라도 키우겠어, 순한 기질의 아이라면

'저렇게 순해 빠져서 어떡할까?'

순한 기질의 아이라면 부모는 이런 불안한 마음을 내려놓자. '순해 빠져서'라는 자체가 아이 기질에 대한 부정적인 생각이다. 순한 기질의 아이를 키울 때는 아이가 웬만해서는 싫은 내색이나 감정 표현을 하지 않으므로 아이의 감정을 잘 살피고 돌보며 표현하도록 유도하는 것이 중요하다.

내 아이가 순한 기질이라서 제 몫을 찾기는커녕 남에게 뺏길 것 같아 불안하다면 아이에게 자주 말을 걸어 주고, 속마음을 표현하게 도와주자. 형제자매에게 양보하는 편이라면 "착해서 동생한테 양보도 잘하는구나"라는 칭찬만 할 것이 아니라 혹시 순한 기질의 아이가 양보해서 속상하지는 않았는지도 헤아려야 한다.

순한 아이는 칭찬에 길들기 쉬운데, 착한 아이라는 칭찬을 듣기 위해 속상하고 화나도 참고 양보한다면 감정 억압형이 되어 '착한 아이 콤플렉스'에 빠질 수 있다. '착하니까' 식으로 기질을 규정화하면 아이는 그 기준에 맞추기 위해 나름으로 애쓰며 자기 욕구를 억누른다.

아이와 둘만의 시간을 가져서 부모의 충분한 사랑을 느끼도록 하자. 이때는 엄마와 아빠한테 하고 싶은 이야기, 바라는 것을 물어보며 아이의 속마음을 표현하도록 해 정서적 욕구를 채워주어야 한다. 맘껏 말하고 발산해서 감정이 억압되는 일이 없어야 '어른아이'가 되지 않는다.

모든 기질에는 강점이 있다

내 아이는 어떤 기질인가? 까다로운 기질의 아이인가? 너무 느려서 기다리다 부모가 매번 도와주어야 하는 아이인가? 이런 아이라면 열 명이라도 키우겠다 싶은 아이인가? 아니면 이런 면과 저런 면을 다 가진 아이인가? 중요한 것은 어떤 기질을 막론하고 기질의 특징은 약점이 아니라 강점이 될 수 있다는 점이다.

아이는 '기질'이라는 밑그림을 타고 난다. 내 아이를 잘 키우고 싶다면 타고난 기질인 밑그림을 잘 살려서 성장하도록 도와주자. 기질은 좋고 나쁨이 있는 게 아니다. 성격에 장단점이 있듯 기질에도 장단점이 있다는 것을 기억하자.

강조하지만 아이의 기질에 대해 부모가 약점 삼거나 비난하면 아이는 자신을 그렇게 규정하고 부정적인 정체성을 형성한다. 아이의 기질을 탓하지 말고 기질의 강점을 잘 살려서 키우자. 최소한 아이의 기질을 비난하거나 걱정하는 이런 말은 삼가야 한다.

" 그렇게 까다로워서⋯."

" 그렇게 느려서⋯."

" 그렇게 순해 빠져서⋯."

아이는 부모와의
'사랑의 관계'에서 성장한다

'75년에 걸친 우리의 연구 결과 가족과 친구와의 관계가 긴밀할수록 더 행복하고 건강하게 사는 것으로 나타났습니다. 좋은 삶은 좋은 관계로 구축됩니다.'

하버드 의대 정신과 의사이자 정신분석전문가인 로버트 월딩거Robert Waldinger 박사가 TED 강연에서 한 말이다. 최장기 심리학 연구로 자주 인용되는 '하버드 성인발달 연구' 책임자이기도 한 그는 '관계'가 행복을 결정짓는 중요한 요소임을 강연에서 거듭 강조했다.

이 TED 강연을 보면서 부모교육 강연 현장에서 받았던 설문 내용이 떠올랐다. 설문 주제는 '좋은 부모는 어떤 부모인가'였다. 그 가운데 아이와 관계를 잘 맺는 부모가 좋은 부모라고 정의를 내린 한 아빠가 있었다.

'좋은 부모란 아이와 좋은 관계를 맺는 부모!'

이 답을 한 아빠의 이야기를 강연 현장에서 직접 들을 수 있었다. 아빠는 인간관계를 잘 맺어야 성공할 수 있고, 행복하게 살 수 있다고 하면서 이렇게 덧붙였다.

"살아보니 인간관계가 정말 중요하더라고요. 그래서 아이들에게 관계 능력을 키워주고 싶은데 아이가 인간관계를 맺는 기본 시기가 어렸을 때고 부모와 맺는 관계가 기본이 되니까 부모가 아이와 관계를 잘 맺어야 할 것 같아요."

아빠는 자신의 인생 경험에서 인간관계의 중요성을 너무도 많이 느꼈기에 아이에게 관계 능력을 키워주고 싶다고 했다. 놀랍게도 부모와 아이 관계에 대한 이 아빠의 육아 철학은 하버드대학교의 장기적 종단 연구 결과와 다를

게 없었다. 그동안 부모교육전문가로서 수천 건의 상담과 강연을 통해 확인한 내용도 마찬가지다.

모든 부모의 바람, 아이와의 좋은 관계

부모는 내 아이가 친구들과 좋은 관계를 맺었으면, 내 아이가 사람들과 관계를 잘 맺으며 행복하게 살았으면, 내 아이가 관계의 파도에 휩쓸리지 않고 좋은 관계의 힘을 충분히 누리고 살았으면… 하고 바란다. 굳이 하버드대학교의 연구를 거론하지 않아도 관계가 행복한 삶을 결정짓는다는 사실을 부모는 이미 알고 있다.

아이의 인간관계 중에서도 특히 부모와 아이의 관계는 모든 부모의 관심사일 것이다. 강조했듯 부모와 아이의 관계는 쉽고 행복한 육아를 결정하는 근본 육아의 핵심이기도 하다. 알고 있음에도 아이와 관계를 잘 맺는 것이 마음처럼 되지 않는다는 부모들이 많다.

친밀하고 좋은 관계가 건강과 행복을 보장한다는데 과연 나는 아이와 친밀하고 좋은 관계를 맺고 있는 걸까? 내 아이는 10년 혹은 20년 후에 지금 나와의 관계를 어떻게 기억하고 해석할까. 아이가 어릴 때 맺는 부모와의 첫 관계는 평생 관계로 이어지는데 나는 부모로서 어떤 노력을 하는 걸까? 혹시 모르는 사이 아이에게 상처를 주거나 트라우마를 남기는 관계를 맺고 있는 건 아닐까.

어린아이와 부모 사이에 상처를 주고받는다는 것이 말도 안 되지만, 어릴 때 가족에게 받은 상처와 트라우마로 고통받는 어른이 넘쳐나는 현실을 보면 부모와 아이의 관계는 어떤 관계보다 세심한 노력이 필요하다.

아이와의 관계를 돈독하게 하는 가장 좋은 시기를 10살까지로 정한 데에는 이유가 있다. 아이가 가장 부모를 원하고 사랑하며 필요로 하는 시기이기 때문이다. '품 안의 자식'이라는 이 시기에 아이는 부모를 아주 좋아한다. 이때 더 안아주고, 쓰다듬고, 볼 비비며 스킨십으로 강한 유대감을 형성하며 관계의 초석을 단단하게 다져야 한다.

'초4병'이란 말처럼 아이가 초등학교 4학년쯤 사춘기가 시작되면 부모와의 대화와 스킨십에 일정 부분 한계가 생긴다. 일명 '부모 껌딱지' 시기인 영유아기에는 스킨십으로 사랑 표현, 초등기에는 칭찬과 인정의 말이 건강한 애착 형성으로 연결되어 부모와 자녀의 평생 관계를 좌우한다.

'엄마는 나를 사랑해.' '아빠하고 있으면 좋아, 행복해.'

'엄마는 나를 미워해.' '아빠하고 있으면 싫어, 무서워.'

이런 기본적인 느낌만으로도 부모와 아이의 관계 친밀도를 측정할 수 있다. 내 아이는 부모인 나를 어떻게 느낄까? 아이와 관계 친밀도를 좀더 높이려면 부모는 어떤 노력을 해야 할까?

좋은 관계는 노력으로 유지되고 지속된다

답은 간단하다. 아이가 부모를 좋아하게 해야 한다. '좋아하게 해야'라는 말에 밑줄 칠 필요가 있다. 아이가 부모를 좋아하는 것은 자발적 감정이지만 좋아하게 하는 것은 부모의 노력이 전제되어야 한다.

'아이가 부모를 어떻게 좋아하지 않겠어?'

이 생각이 잘못된 것은 아니지만 그렇지 않다는 가정에서 아이와의 관계를 시작해야 한다. 아이가 부모를 좋아하는 건 당연한 게 아니라는 전제로 부모가 노력해야 하는 것이다. 부모는 어떤 노력을 하면 될까.

부모와 아이의 관계가 좋아지려면 부모가 먼저 아이를 좋아해야 한다. 순서를 매기자면 부모가 먼저 아이를 좋아하고, 아이가 부모를 좋아하게 하는 것이다. 부모와 자식

사이에 좋아하게 하는 건 무엇이며, 좋아하는 데도 순서가 있다? 물론이다. 내가 좋아하면 상대도 나를 좋아한다. 심리학적으로 '상호성의 원리'이며 부모는 아이에게 '나는 네가 좋아'를 느끼게 해야 한다. 그런데 왜 부모가 먼저 아이를 좋아해야 할까?

어른의 관계에서는 기브앤테이크라는 관계의 법칙처럼 양방이 노력해야 하지만 부모와 아이의 관계에서는 예외다. 아이가 10살까지는 부모의 노력, 기브Give가 일방적이어야 한다. 아이에게 잘 보이려는 노력은 아이를 대하는 부모의 태도와 반응, 훈육에도 영향을 미친다.

아이에게 잘 보이려고 노력하는 부모

아이에게 잘 보이려고 노력하는 부모는 감정의 민낯을 보이지 않는다. 거친 감정을 다듬어 표현하며, 나오는 대로 말하지 않고 선택해서 말한다. 아이에게 잘 보이려 노력하는 부모는 실수하면 인정하고 사과한다. 아이를 존중하고 의식하는 이런 태도가 좋은 관계를 유지하려는 부모의 노력이다. 아이는 이런 부모를 좋아하고 사랑한다.

부모는 아이가 미운 짓을 하더라도 어른의 성숙함으로 아이의 미숙함을 이해하고 받아들인다. 하지만 아이는 부모가 미우면 그냥 밉다. "엄마 미워. 엄마가 죽었으면 좋겠어!"라는 말을 하기도 한다. 부모는 아이의 말에 충격을 받지만 아이라면 할 수 있는 말이다. '내 말을 안 들어주고, 하고 싶은 것을 못 하게 하고, 하기 싫은 일을 자꾸 시키는 엄마와 아빠가 미워'라는 생각은 아이들에게 흔히 나타나는 심리이기 때문이다. 그럴 때 부모가 맞받아치는 말을 한다면 아이는 부모가 좋기는커녕 두렵고 무섭다.

"엄마도 너 밉거든."
"말 안 들으려면 나가."

시작은 아이가 했어도 부모는 '이에는 이, 눈에는 눈'으로 대응하지 않는다. 부모도 가끔은 화가 치밀어 실수하지만 후회하고, 사과한다. "엄마가 너 미워서 그런 거 아니야. 미안해"라며 사랑의 관계를 회복하려 노력하는 것이다.

"엄마 미워. 엄마가 죽었으면 좋겠어"라는 엄청난 말을 하고 먼저 다가와 "엄마, 내가 실수했어. 미안해, 다시는 안 그럴게"라며 사과하는 아이는 없다. 아이는 자신이 잘못했어도 관계가 그르쳐질까 봐 걱정하거나 회복하려고 노력하지 않는다. 아이 발달상 가능하지 않다. 하지만 부모는 다르다. 부모는 아이가 관계를 삐걱거리게 하는 상황을 만들더라도 한결같은 메시지를 준다.

'그럼에도 너를 사랑해.'

그렇다고 부모가 아이의 모든 것을 허용하는 것은 아니다. 잘못된 행동을 수정하도록 가르친다. 아이에게 잘 보이려 노력하는 부모는 이때에도 감정을 조절해서 부모답게 훈육한다. '말 안 듣고, 하지 말라는 것만 해서 엄하게 말했지만 미워서 그런 게 아니라 사랑해서 그런 거야'라는 메시지를 주려 노력하는 것이다.

이 모든 것이 아이와의 좋은 관계를 위해 아이에게 잘 보이려는 부모의 노력이다. 잘 보이고 싶은 부모의 노력은 아이라는 존재를 의식하며 말하고, 절제된 감정으로 훈육하는 것으로도 나타난다.

이제 반대의 경우를 생각해 보자. 만약 권위주의적인 태도를 보이며 아이를 무시한다면 어떤가. '네가 어떻게 보든 무슨 상관이야' '너는 내 안중에 없어'라는 식으로 생각하고 대할 것이다. '네가 나를 어떻게 보든, 상관하지 않겠어' '너와 관계가 깨져도 아무렇지 않아' 식의 마인드를 가진 사람은 상대에게 잘 보이고 싶은 마음이 애초에 없으므로 자기 멋대로 말하고 행동한다. 이런 사람을 좋아하거나, 관계를 맺고 싶은 사람은 없다.

부모의 노력이 부모와 자녀 관계의 변수가 된다

이제 부모가 아이와의 관계를 잘 맺기 위해 노력할 이유가 확실해졌다. 부모와 아이 관계에서는 '쌍방의 노력'이 아니라 부모 '일방의 노력'이 먼저라는 것도 충분히 알았다. 내 아이가 행복하게 잘 살길 바란다면 아이가 태어나 처음 맺는 관계인 부모와의 관계가 친밀하고 만족하도록 노력하자. 부모와 자녀 관계에서는 부모의 노력이 먼저라는 것, 부모가 아이에게 잘 보여야 하는 것이 '부모와 자녀 관계의 법칙'임을 잊지 않아야 한다.

'네가 그러니까 엄마가 그런 거야'가 아니라 '네가 그럼에도 엄마는 다르게 대할 거야'라는 부모의 노력은 결코 헛되지 않을 것이다. 아이는 부모를 좋아할 것이고, 좋아하는 부모의 말을 들을 것이며 부모와 맺는 관계를 바탕으로 관계 능력을 배우고 익힐 것이다.

좋은 삶은 좋은 관계로 만들어지고, 관계가 행복을 결정짓는 중요한 요소임을, 특히 가족과 좋은 관계를 맺었을 때 잘살게 된다는 연구 결과를 기억하자. 아울러 좋은 관계는 노력으로 유지된다는 점도 잊지 말자. 건강을 위해 정기적으로 운동하고 관리하는 것처럼 아이가 태어나 처음 맺는 관계인 부모와의 관계가 친밀하고 좋은 관계가 되도록 부모가 적극적으로 관리해야 한다. 좋은 관계는 가꾸고 다듬고 관리할 때 오래도록 지속된다는 것, 아이는 부모와의 '사랑의 관계'에서 성장한다는 것을 부모는 충분히 알고 있지 않은가.

"엄마, 나 사랑해?"
"아빠, 나 좋아?"

아이가 묻기 전에 더 많이 말해주고 웃어주고 품어주고 쓰다듬으며 말하자.

"엄마는 우리 현이가 참 좋아."
"아빠는 너를 보면 힘이 나고 기쁘단다. 사랑해."

훈육은 어떻게 하는 걸까?

"지아야, 소파에 올라가서 뛰면 될까요? 내려와야죠?"

3살 딸에게 아빠가 한 말이다. 아빠의 목소리는 딸에 대한 사랑이 듬뿍 느껴질 만큼 따뜻하다. '딸바보 아빠'가 목표인 아빠는 항상 부드럽게 딸을 대한다. 훈육할 상황이 되면 혹시라도 거부감 드는 목소리가 나올까 봐 조심한다. 하지만 아빠는 요즘 고민이다. 딸이 아빠를 '만만하게 보는 것 같은 느낌'이 들어서다. 엄마가 말하면 얼른 듣는데 아빠가 설명까지 하며 친절하게 말해도 아이는 듣지 않는다. 이를테면 지금처럼 소파에 올라가서 뛰는 상황일 때 내려오라고 해도 딸은 아빠 말을 흉내 내며 장난만 칠 뿐이다. 위험하다고 해도, 다친다고 해도, 그러면 병원에 간다고 하며 강도 높게 말해봐도 소용이 없다.

딸이 좋아하는 실내 활동이 소파에 올라가서 뛰는 것이다. 그동안은 층간 소음을 조심하기 위해 실내에서 뛰는 것을 금지한 대신 소파에 올라가는 것을 허용했지만, 몇 주 전부터는 소파에 올라가는 것을 금지했음에도 딸이 여전히 소파에 올라가 뛰는 것이다. 아빠는 "소파에 올라가서 뛰는 건 위험하니까 안 돼요. 알았죠?"라고 이야기해 줬고, 딸은 알았다고 손가락 걸고 약속까지 했었다. 이 정도면 딸이 약속을 지킬 거라 믿었는데 전혀 아니었다. 그날도 딸이 소파에 올라가서 뛰자 훈육을 결심한 아빠는 말했다.

"지아야, 소파에 올라가서 뛰면 될까요? 내려와야죠?"

그런데 딸이 아빠를 보더니 생글생글 웃으며 말했다.

"안 내려와야죠!"

아빠가 다시 "거기 올라가서 콩콩 뛰면 넘어지죠? 그러면 다치겠죠?" 하자 딸이 아빠를 흉내 내며 하는 말은 이랬다.

"콩콩 뛰면 안 넘어지죠. 안 다치죠~."

혼내고 싶지 않아, 큰소리치고 싶지 않아

아빠는 딸에게 화 안 내고, 목소리 크게 내지 않고 잘 키우고 싶다. 솔직한 심정은 딸을 훈육하고 싶지 않다. 훗날 딸에게 "아빠는 너에게 큰소리 한 번 내지 않았어"라는 말을 하고 싶은 아빠로서는 이제 겨우 3살 딸에게 화를 내는 훈육 상황이 될까 봐 걱정이다.

이 사례는 '훈육과 학대는 한 끗 차'라는 아빠 육아 강연의 Q&A 시간에 나온 질문 중 하나였다. 부모 강연을 들으러 온 아빠 중에는 잘 놀아주는 아빠인 플래디Play＋Daddy, 친구 같은 아빠인 프렌디Friend＋Daddy를 넘어 '딸바보'를 자처하는 아빠들도 있었다.

이런 아빠들의 마음 안에는 '웬만하면 훈육하지 않고 잘 타일러야지'가 들어있다. '잘 가르치며 기른다는 훈육訓育'의 뜻은 알지만, 왠지 '훈육 = 혼내는 것' 같은 느낌이 들기 때문에 훈육에 대해서 반반의 마음인 것이다.

어떻게 훈육할까?

훈육을 망설이는 부모의 마음은 어느 정도 이해가 된다. '훈육'하면 왠지 혼내는 느낌을 떨칠 수 없기 때문이다. 훈육에 대해 망설여지고 헷갈리는 점이 또 있다. 화 안 내고 큰소리치지 않고 훈육해야 한다는 건 알고 있는데, 그러면 따뜻하고 부드럽게 훈육해야 하는지에 대한 것이다.

이 2가지 의문에 확실한 답을 하자면 이렇다. 훈육을 망설이거나 모호하게 하면 안 된다. 훈육은 혼내고 야단치는 것이 아니라 아이를 안전하게 지키고 경계를 알려주며 지침을 가르쳐주는 것이기 때문이다. 훈육을 망설이며 모호하게 하거나 부드럽고 따뜻하게만 하면 생기는 3가지 문제를 보자.

첫 번째, 아이에게 조절력을 가르치지 못한다. 소파에 올라가 뛰며 놀고 싶지만, 하면 안 되는 것이라는 걸 알면 아이는 그 욕구를 조절해 다른 놀이로 전환하는 능력을 발휘한다. 소파에 올라가 뛰고 싶은 것을 금지하는 것처럼 '하면 안 되는 일'을 가르쳐 조절력을 높여야 할 상황은 육아에서 비일비재하다. 부모는 그걸 가르치는 사람이고 그래야 아이도 안전하게 보호받고 자신을 지키며 성장할 수 있다. 하면 안 되는 것을 참는 능력은 아이의 멘탈을 강하게 하는 기본 조건이기도 하다.

두 번째, 아이가 부모 말을 무시하면 부모의 육아 효능감이 낮아진다. 부모로서의 자신감도 떨어지고, 아이를 대할 때 이 태도가 여지없이 드러난다. 3살 아이는 부모를 감지하고 부모의 머리 위에서 조종하려고까지 한다. 이 시기에는 본능이 발달해서 직관적인 감지력이 뛰어나다. 간 보는 능력이 뛰어난 것이다.

세 번째, 부모가 자신감이 없으면 권위 있는 부모의 모습을 보여주지 못한다. 부모 말을 들어야 한다는 마음이 아이에게 들게 하려면 부모의 권위가 있어야 한다. 아이는 자신에게 애원하는 부모를 믿지 못한다. 권위 있는 부모는 아이에게 쩔쩔매며 끌려가지 않는다. 소리치며 위협하지도 않는다. 평소에는 온화함으로 대하지만, 훈육의 상황에서는 단호한 사랑을 보여주는 것이다.

결론적으로 '훈육 = 사랑'이다. 바람직한 훈육은 애원이나 위협이 아니라 가르칠 것을 확실하게 알려주는 단호함으로 이루어져야 한다. 훈육을 단호한 사랑이라고 하는 이유다.

애매한 사랑 vs 단호한 사랑

훈육을 잘하려면 '나는 아이를 잘 가르칠 수 있다'라는 육아 효능감을 가지고 무엇을 어떻게 말할지 잘 파악해서 그에 맞는 훈육의 말을 자신 있게 해야 한다. 아이 마음이 아프지 않게 가르칠 것은 확실하게 하는 훈육이 아이를 사랑하는 부모의 단호한 사랑법이다.

'훈육은 사랑'이라는 공식은 변함없이 적용되어야 한다. 다만 훈육할 때의 사랑은 단호한 사랑이다. 그래야 정확한 지침을 주는 훈육을 할 수 있다. 평소처럼 온화하게 미소 지으며 아이에게 부탁하고 애원하면 혼란만 주는 애매한 사랑이 된다. 애매한 사랑이란 희미하고 분명하지 않아 개념을 구별하지 못하게 하는 사랑이다. 분명하지 않고 애매하게 표현하면 훈육도 애매해진다.

"거기 올라가서 뛰면 될까요? 위험해서 안 될 것 같은데 우리 딸, 어떻게 생각해?"

부모의 열린 질문이나 청유형, 부드러운 존댓말도 이 상황에서는 맞지 않는다. 그렇다고 "왜 또 거길 올라가서 뛰니? 너 때문에 못 살겠다. 얼른 내려와!"라고 말하는 것은 훈육이 아니다. 훈육에 맞는 사랑 표현은 단호함과 정확성이다. 다음 사례를 보며 단호한 사랑을 실천해 보자.

유치원 강당에서 학부모 오리엔테이션이 있었다. 강당 입구에는 귤과 다과가 마련되었는데 엄마를 따라온 3살쯤 되는 아이가 엄마의 가방에 귤을 담는다. 1개, 2개, 3개….

이런 상황이라면 어떻게 훈육하면 좋을까?

A "우리 딸, 귤이 그렇게 좋아? 근데, 다른 분들도 드셔야 하는데 이렇게 많이 담으면 어떻게 될까?"

B "어머, 그러면 안 되지. 이렇게 많이 담으면 안 되겠지? 착하지. 우리 딸, 꺼내 놓아야겠지?"

A, B 모두 나무랄 데 없는 말 같지만 3살 아이라는 전제에서는 모호한 말이다. 상황을 떠올려보자. 오리엔테이션 장소는 강당이고, 엄마와 딸 이외에 다른 사람들도 줄을 서 있다. 이 상황은 집에서와는 달리 시간과 장소의 제한이 있다는 점도 고려해야 한다.

부모의 말과 행동이 동시에 필요한 단호한 사랑

먼저, 엄마는 아이가 귤을 좋아한다는 것을 언급할 이유가 없다. 언급하는 순간 아이의 욕구를 부추길 수 있기 때문이다. 다음은 '다른 분들도 드셔야 하니까'라는 말도 불필요한 말이다. 이 말은 배려와 양보에 관한 것으로 지금 3살 아이에게 이런 도덕적 가치관을 담은 말은 부연 설명을 해줘야 할 높은 수준의 말이다. 장소와 시간상 친절하고 상세하게 설명할 수 없다는 점을 고려해야 한다. '착하니까 꺼내놔야 하는 것'도 아니다. 그건 아이에게 선택의 여지를 주는 말이다. 아이가 꺼내놓는 것을 선택할 리 없다. 더 갖고 싶은 욕구를 가진 아이와 실랑이를 벌여야 할지도 모른다. 이 상황에서 3살 아이에게 표현하는 단호한 사랑의 훈육법은 다음과 같다.

어릴수록 아이의 '잘못된 행동'을 먼저 제지해야 한다. 아이가 귤을 더 이상 담지 않게 막는 것이다. 여러 사람이 기다리는 공공장소라는 상황상 아이에게 귤을 꺼내놓으라고 요청하지 말고 엄마가 꺼내놓는 게 합리적이다. 아이는 '나 중심' 사고를 하므로 '내 것'에 대한 애착이 강하다. 이 귤은 우리 것이 아니라는 사실을 인지시키는 방법으로 부모가 귤을 꺼내놓는 행동을 보여주는 것이다. 그리고 다음 3단계로 훈육하면 된다.

- 1단계, "(가방에서 귤을 꺼내놓으며) 이건 우리 귤이 아니야. 가져가면 안 돼."
- 2단계, "(귤 하나를 보여주며) 이 귤은 우리 거야."
- 3단계, 아이 손을 이끌고 그 상황에서 벗어나 엄마와 아이 둘만 있는 장소에서 아이 수준에 맞는 언어로 "귤을 더이상 담으면 안 돼!"라고 확실하게 말해주고 강당으로 돌아온다.

앞에 나온 지아네의 경우도 공공장소와 집이라는 상황만 다를 뿐 비슷하다.

- 1단계, (아이를 안아 소파에서 내려서) 앉게 한다.
- 2단계, 부모도 아이 앞에 앉는다.
- 3단계, 천천히 단호하게 훈육하고자 하는 말을 한다.
  "소파에 올라가서 뛰면 안 돼."

귤을 꺼내놓는 것과 마찬가지로 아이를 소파에서 내려오게 하는 '행동'이 중요하다. 이 행동은 일차적으로 아이에게 훈육의 상황을 인지시키는 효과도 있다. 부모가 앉는 이유는 아이와의 눈높이를 맞추기 위해서다. 부모가 서고 아이가 앉으면 키 높이, 눈높이 차이가 크게 난다. 말이 잘 전달되려면 거리와 공간의 차이가 작을수록 좋다.

천천히 단호하게 말할 때, 말과 표정을 일치시켜야 한다. '말(내용)'과 '표정과 목소리(형식)'는 한 쌍이다. 위험한 것을 금지하는 부모의 표정과 목소리 톤이 지나치게 부드러우면 아이는 부모가 장난치는 줄 안다. 엄격한 표정을 짓기 어렵다면 '무표정'을 권한다.

과장하지 말고, 원칙만 정확히 전달한다

"아빠 말 안 들으면 경찰 아저씨가 이놈, 하고 잡아가죠?"

이런 말은 전혀 필요 없는 거짓말이다. "올라가면 안 돼. 그러다 넘어지면 피 나지? 그러면 병원 가서 아야, 하고 주사 맞아야 해"라며 과장된 몸짓을 취하는 것 또한 핵심을 흐린다. 원칙만 정확히 말해야 제대로 전달된다.

훈육 상황에서의 사랑 표현은 '단호함'이다. 내 아이가 자신을 지키며 안전하게, 세상의 이치를 거스르지 않고 잘 살아가기 위해서는 부모에게 단호함이 있어야 한다.

단호한 사랑을 보여줄 때를 아는 부모가 훈육을 잘한다. 부모의 단호한 사랑이 아이의 조절력을 높이며 멘탈이 강한 아이로 성장하게 한다.

훈육은 즉시, 마음 읽어주기
타이밍은 따로!

- 아이가 떼쓸 때
- 하면 안 되는 행동을 하며 우길 때
- 꼭 해야 하는 일을 안 하고 미룰 때

아이를 키우다 보면 '이 상황을 어떻게 해야 하지?' 할 때가 많다. 부모 딴에는 타일러보고 알아듣게 설명하지만 아이는 욕구대로 안 되면 부모가 '좋게 말해도' 듣지 않는다. 오죽하면 "좋게 말하면 아이가 말을 더 안 들어요"라는 하소연을 할까.

부모는 아이가 말을 잘 듣게 하는 방법이 궁금하다. 아이가 말을 들어야 가르치든지 알려주든지 할 것 아닌가. 그러다 마침내 이런 생각도 한다.

'좋게 말하면 안 듣고, 혼내야 말을 듣는다면 따끔하게 혼내서라도 부모 말을 듣게 해야 하는 것 아닌가?'

좋게 말한다는 것에 대해 헷갈리는 지점이다. 도대체 좋게 말한다는 것은 무엇일까.

좋게 말하다 안 통하면 훈육?

좋게 말하는 것에 대해 헷갈리는 부모는 '좋게 말하면 안 들으니 이제는 할 수 없이 훈육해야겠다'라는 결론을 내리기도 한다. 하지만 이건 위험한 결론이다.

할 수 없는 지점에 이르렀다는 건 부모로서 참을 만큼 참았다는 건데 문제는 참을 만큼 참았다가 폭발하는 '화'는 목소리를 높아지게 하고, 말이 빨라지게 하며, 거친 말도 나오게 한다는 점이다. 그렇게 되면 부모는 말을 안 듣는 아이에게 화가 나고, 끝까지 못 참고 화내는 부모 자신에게도 화가 난다. 후회는 온전히 부모 몫으로 남는 걸 알면서도 이 상황은 반복된다. 훈육의 본질과 목적이 완전히 없어진 상태로 훈육이 아닌 혼내기로 변질되는 대부분의 이유이기도 하다.

반드시 훈육할 상황이라면 다음 2가지를 기억하자.

1. 억지로 참으며 말하는 건 좋게 말하는 것과 다르다. 참다가 화내며 훈육하는 건 올바른 훈육도 아니다. 훈육은 아이를 잘 가르치며 바르게 성장하도록 하는 것이므로 '참지 말고' 처음부터 확실하고 엄격하게 해야 한다.

2. 훈육할 상황인데 아이에게 부탁하고, 의견을 물어보는 것을 '좋게 말한다'라고 생각한다면 그건 좋게 말한 게 아니라 훈육의 본질을 흐린 것에 불과하다. 훈육은 아이와 의견을 나누는 게 아니라 확실하고 단호하게 가르치는 것이다.

참지 말고 즉시 훈육하자. 훈육은 아이를 위해서 하는 것이므로 훈육하는 걸 미루고 참을 이유가 없다. 그러면 목소리 안 높이고 훈육의 말도 제대로 할 수 있다.

혼내는 것과 훈육은 다르다!

그런데 부모는 왜, 참고 또 참다가 훈육하는 걸까? 여전히 훈육에 대한 오해 때문이다. 훈육을 혼내기로 오해하고 있어서 웬만하면 훈육하지 않으려고 참는 것이다. 부모가 참다가 화내는 8단계를 살펴보면 어디서 잘못되었는지 윤곽이 잡힌다.

⠸ 훈육이 혼내기로 가는 단계 ⠸

- 1단계, 아이가 해야 할 일(숙제, 양치, 식사)을 안 한다.
- 2단계, 부모는 '(부탁과 의견 묻기)좋게' 말한다.
- 3단계, 좋게 말했는데 아이가 안 듣는다.
- 4단계, 부모는 참으며 다시 '부탁하듯 좋게' 말한다.
- 5단계, 아이가 안 하려고 계속 고집부린다.
- 6단계, 부모는 참았던 화가 폭발한다.
- 7단계, 좋게 말하면 안 듣는다고 소리 지르며 훈육한다.
- 8단계, 아이는 그저 혼난다고 생각한다.

부모 나름으로는 참고, 좋게 말하며 감정조절하는 과정을 거쳤다고 생각하지만 아이는 부모가 갑자기 화내고 혼낸다고 느낀다. 이러면 훈육의 효과는 전혀 없다. 사실 부모가 화를 꾹꾹 눌러 참았을 뿐이지 조절력을 발휘한 것도 아니다. '반드시' 할 일이라면 '즉시' 정확하게 말해야 한다. 부모가 억지로 참으면서 아이에게 부탁하고 의견을 묻는 건 좋게 말한 게 아니다. 즉시 할 훈육을 억지로 참다가 갑

자기 큰소리 치지 말자.

훈육에 대한 오해로 생긴 마음 읽어주기

'아이가 알아서 척척 하면 잔소리하라고 해도 안 한다.'
'한번 말해서 들으면 얼마나 좋을까?'
'누가 사랑하는 아이에게 소리 지르고 싶겠는가?'
'나도 우아하게 아이 키우고 싶다.'

이런 생각을 하는 부모는 아이를 혼내는 순간에도 후회하고 반성한다.

'내가 뭘 잘못하고 있는 건 아닐까?'
'이러다 아이 자존감이 낮아지는 거 아니야?'
'다른 집에서는 우쭈쭈, 기 살리며 키우는데 우리만 엄격하게 키우는 거 아닌가?'

이런 고민과 자책을 반복하다 보니 부작용도 생겼다. 바로 타이밍 안 맞는 마음 읽어주기다. '마음 읽어주기'가 '훈육에 버무려져' 이도 저도 안 되는 훈육 상황이 되어버리는 것이다.

훈육 상황에서 '어설픈 마음 읽어주기'의 부작용

마음을 알아주는 건 좋은 일이다. 누구나 자신의 마음을 알아주고 감정을 수용해 주는 걸 원한다. 문제는 '맞지 않는 타이밍'이다. 훈육 타이밍에는 아이의 마음을 읽어주는 데 비중을 두면 안 된다. 훈육 효과를 떨어뜨리기 때문이다. 만약 아이 마음을 읽어주어야 한다면 공감은 최소한만 하고, 훈육의 말을 강조해야 한다.

타이밍 안 맞는 마음 읽어주기가 훈육 효과를 떨어뜨린 예를 보자.

: 마음 읽어주기만 하고 아이 고집대로 끌려가는 경우 :

숙제하라고 했더니 자꾸 미루며 투덜대는 아이에게

"지금 하기 싫어서 그렇구나. 그런데 엄마가 자꾸 숙제하라고 하니까 네가 속상했구나." → NO

"엄마가 숙제하기 싫어도 하라고 해서 화가 났구나. 어떡하지? 숙제는 해야 하지 않을까?" → NO

상황상 마음을 읽어주어야 한다면 마음은 알아주되 '숙제하기'에 초점을 맞춰 이렇게 마무리되어야 한다

"숙제하기 싫은 건 알겠어. 그래도 지금 해야 하니까 얼른 하자." → YES

: 훈육 상황임에도 마음 읽어주고 사과까지 하는 경우 :
식사는 안 하고 자꾸 간식 달라는 아이에게

"간식 먹고 싶은데 못 먹게 해서 화가 났구나. 엄마가 너 미워서 그런 거 아니야. 미안해. 화 풀어." → NO

간식을 안 준 이유가 아이를 위한 일이 확실하다면 공감은 하되 부모의 말은 이렇게 마무리되어야 한다

"간식 먹고 싶은데 못 먹게 해서 화가 났구나. 하지만 지금은 간식을 먹을 수 없어. 식사해야 해. 밥 먹자." → YES

아이가 마땅히 해야 할 일을 안 하거나 계속 미루면 부모는 아이가 하도록 훈육해야 한다. 마음만 알아주는 게 사랑이 아니기 때문이다. 강압적으로 말하며 화내고 싶지 않고 아이 마음 아플까 봐 선택한 것이 '마음 읽어주기'라면 아이는 헷갈린다. 마음 읽어주기로 끝내면 아이로서는 오해

할 수도 있다.

'숙제를 미루고 투덜대니까 위로해 주는구나.'
'밥 안 먹고 간식 달라고 떼쓴 것이 이렇게 위로받고 사과받을 일이구나.'

마음 읽어주기는 짧게, 훈육은 강조

마음 읽어주기가 나쁜 게 아니다. 타이밍에 안 맞는 마음 읽기에 부작용이 있다는 것이다. 훈육할 때 아이의(하기 싫고, 갖고 싶은) 마음을 알아주는 데 시간을 할애하면 아이는 혼란스럽다. 마음만 읽어주고 아이가 하고 싶은 대로 끌려가면 마음 읽어준 것도 아니고 훈육한 것도 아니다.

그렇다고 "하기 싫긴 뭐가 하기 싫어! 넌 애가 도대체 왜 그러니?"라며 아이의 마음을 비난하고 무시하라는 게 아니다. 마음 읽기에 비중을 두지 말라는 의미다. '하기 싫구나' 정도로 짧게 반응하고 훈육의 본론으로 들어가서 결국은 아이가 할 일을 해내도록 해야 한다.

섣부른 마음 읽기로 아이를 헷갈리게 하지 말고, 할 말을 정확히 전달해야 훈육의 효과가 높다. 그래야 부모도 화내는 상황까지 안 가고, 비난과 힐책의 말도 하지 않게 된다. 부모가 현명하게 판단한 일이라면 소리 지르지 않고, 분명하게 핵심을 언급하자.

"지금 해야 해."
"간식은 안 돼. 식사하자."
"사줄 수 없어."

만약 상황을 고려할 때 꼭 마음을 읽어줘야 한다면 마음은 읽어주되 훈육 상황에 대해 확실하게 강조하며 마무리해야 한다.

"하기 싫겠지만 해야 해. 숙제 꺼내자."
"갖고 싶겠지만 지금은 사줄 수 없어."

아이가 결국 해내게 하는 부모의 말

훈육할 상황이라는 현명한 판단을 했는가. 그럼 미루지 말고 즉시 하자. 훈육 상황에서 아이가 결국 해내게 하는 적합한 부모의 말을 정리해 본다.

: 혼란을 일으키는 마음 읽어주는 말 :

"숙제하기 싫어서 화가 났구나. 그래. 알았어. 그럼 지금은 놀고 이따가 꼭 숙제할 거지? 그런데 지난번에도 한다고 해놓고 안 해서 오늘도 엄마는 걱정돼. 오늘은 꼭 할 거지? 엄마는 우리 아들 믿어." → NO

"사고 싶어서 떼 부린 거구나. 그런데 엄마가 안 사줘서 어떡하지? 미안해." → NO

"밥 먹기 싫고 간식이 먹고 싶은데 엄마가 안 줘서 화 났어? 미안해. 화 풀어." → NO

: (마음은 읽어주되) 확실한 지침을 알려주는 말 :

"(하기 싫은 마음은 알지만) 숙제 꺼내. 지금 하자." → YES

"(갖고 싶은 마음은 알지만) 네가 아무리 떼를 써도 사줄 수 없어." → YES

"(간식 먹고 싶겠지만) 지금은 식사 시간이야. 밥 먹자." → YES

: 훈육도 즉시 안 하고 마음만 비난하는 말 :

"이따가 하긴 뭘 해? 엄마가 한두 번 속아? 너 언제 약속해 놓고 지킨 적 있어?" → NO

"네가 갖고 싶다고 다 가지는 거야? 도대체 왜 맨날 고집부리는

거니? 다시는 데리고 오나 봐라." → NO

"맨날 밥은 안 먹고 간식만 먹으니까 키가 안 크지. 오늘은 어림
도 없어." → NO

: 마음만 비난하지 않아도 충분하다 :

아이 마음을 읽어주어야 하는지, 확실하게 할 말만 해야
하는지 아직도 갈피를 잡지 못한다면 이것 하나만 기억해
도 좋다. 훈육 상황에서는 아이 마음을 비난하지 않는 것만
으로도 잠정적으로 마음을 읽어준 거나 마찬가지라는 점이
다. 어떤 상황에서도 '마음을 부정하는 말'은 하면 안 된다.
아이 마음만 비난하지 않아도 충분하다.

마음 읽어줄 타이밍은 따로 있다

아이의 마음을 읽어주어야 할 타이밍이 분명히 있다. 이
때는 부모의 훈계나 지시가 아니라 아이 마음에만 집중하
며 위로와 격려를 해야 한다. 가령, 아이 딴에는 열심히 했
는데 생각만큼 결과가 좋지 않아서 속상해하고 있을 때다.
그럴 때는 아이의 마음을 읽어주고, 그 마음에 충분히 공감
하는 부모의 말이 필요하다.

"한만큼 나온 거지. 뭘 그거 갖고 속상해하고 그래? 다음에 더 열심히 해서 좋은 결과 내면 되잖아." → NO

"네가 열심히 했는데 네 생각만큼 결과가 안 나와서 속상하구나." → YES

친구 사이에 오해나 문제가 생겨 아이 마음이 힘들 때도 마찬가지다. 이때는 충고나 지적이 아니라 아이의 마음을 읽어주고 어루만져주는 것에 집중해야 한다.

"친구들이랑 지내면서 그럴 수도 있는 거지. 너도 친구한테 잘못할 때 있잖아." → NO

"친구 사이에 오해가 생겨서 마음이 안 좋구나." → YES

아이를 헷갈리게 하는
잘못된 부모의 말

'올라가시면 위험합니다.

올라가서 장난치면 다칠 위험이 있습니다.'

어느 커피숍의 한 공간에 쓰여 있는 문구이다. '올라가시면'이란 표현을 보면 어른들에게 알려주는 말 같지만, 정황상 아이들을 위한 안내문이 분명하다. 이 안내문에도 불구하고 6~7살 정도로 보이는 아이가 엄마에게 조르고 있다.

"엄마, 나 안 다치고 올라가면 되잖아. 안 위험해."

아마 올라가려다 엄마한테 제지당한 모양이다. 엄마는

"올라가면 안 된다잖아. 왜 고집부려? 네가 한 번 더 읽어 봐. 너 한글 알잖아" 했지만 아이는 만만찮게 항변한다.

"안다고~ 안 다치면 되잖아!"라며 올라가고 싶은 욕구로 똘똘 뭉친 아이의 반박은 계속됐다.

"올라가서 장난 안 치면 되잖아!"

위 상황에서 부드럽게 돌려 말하는 완곡한 말이 과연 친절하면서 존중하는 말인지 생각해 보게 된다. 이런 말은 명확하지 않아 아이에게 혼란만 일으키는 불친절한 말이 될 수 있다.

완곡한 말은 직설적으로 하지 않고 에둘러 말해서 상대가 '짐작하게'하는 말이다. 얼핏 생각하면 직설적 표현에 비해 부드럽고 따뜻한 말 같지만 '짐작'이 '오해'로 변질되면 '완곡婉曲'이 '왜곡歪曲'이 될 수도 있다. 좋은 의도를 변질시킬 여지를 주는 것이다. 확실한 지침을 알려주어야 할 때는 돌려 말하기보다 직설적 표현이 훨씬 효과적이다. 예를 들면 이런 표현이다.

"올라가지 마세요."

청유형과 지시형 사이에서 고민되는 부모

아이를 키우다 보면 부드러운 청유형이 필요할 때가 있고 직설적인 지시와 명령이 적절할 때가 있다. 부모가 아이에게 지시할 때 선택의 여지, 다양한 해석의 여지를 두는 말을 하면 아이는 잘못 해석해서 부모의 말과 엇나가는 행동을 할 수 있다.

부모는 아이에게 다음 3가지를 염두에 두고 말해야 한다.

첫째, 아이는 돌려 말하는 지시를 제대로 이해할 만큼 인지발달과 언어발달이 완성되지 못했다. 아이를 존중한다면 아이의 발달 수준에 맞춰 알아듣게 말해야 한다.

둘째, 아이에게 완곡하게 지시하면 짐작해서 하라는 것이고 네 식대로 해석해도 된다는 뜻이다. 완곡한 표현이 왜곡되어 아이는 부모의 지시대로 행동하지 못할 수 있다.

셋째, 지시와 지침은 권유나 청유가 아닌 직설적으로 해야 정확하게 전달된다. "하면 될까?"라고 묻는 말이 아니라 "하지 마" "해야 해"라는 확실한 지침의 말로 해야 한다.

행동을 제지하며 말은 명료하게

부모는 아이에게 지시나 명령을 하면 안 좋다는 인식이 있어서 사용하기에 께름칙하다. "하면 안 돼"라든가 "해야 해"라는 금지어와 지시어는 아이의 자존감을 떨어뜨릴 것 같은 생각도 든다. 하지만 그렇지 않다. 부모가 정확하고 확실하게 지시해야 아이가 헷갈리지 않고 잘 알아듣는다. 정작 아이가 알아듣지 못하고 헤매면 부모는 아이의 자존감을 떨어뜨리는 말을 하게 될 수도 있다. 이를테면 이런 경우다.

어느 공원에서 아이가 엄마에게 조른다.

"엄마, 나 저기 들어가면 안 돼? 한 번만. 응? 한 번만."

엄마가 말한다. "저기 '잔디를 보호하자 출입 금지'라고 씌어있잖아. 글씨 못 읽어? 너 바보야?"

이럴 때 부모는 아이의 행동을 제지하며 '잔디를 보호하는 방법'을 아이의 수준에 맞춰 명료하게 말해주면 된다.

"잔디밭에 들어가면 안 돼."

(표지판에 의하면) 잔디밭에 들어가지 않는 것이 잔디를 보호하는 방법이지만 아이는 모를 수도 있다. 잔디를 보호하기 위해 들어가면 안 된다고 말했음에도 아이가 잔디밭에 들어가고 싶어 하면 부모는 반복해서 말하면 된다. 하지만

어떻게든 잔디밭에 들어가고 싶은 아이는 계속해서 "왜?"
라고 물을 수도 있다. 그동안 여러 번 말해줬다면 아이는
설명을 더 듣고 싶거나 이유를 몰라서가 아니므로 이때는
더 짧게 말해주면 된다.

"규칙이야."
"규칙은 지켜야 해."

만약 아이가 잔디밭에 대해 모르거나, 처음 맞는 상황이
라 설명해야 한다면 아이 수준에 맞게 친절하게 말해주자.
모든 것이 살아 있다는 물활론적 사고를 하는 5살 이하 유
아라면 의인법과 의성어, 의태어를 사용해 재미있고 상세
하게 알려줄 수도 있다.

"잔디를 밟으면 잔디가 아야, 하고 아프대. 잔디를 아프게 하면
안 되겠지? 그래서 잔디밭에 들어가면 안 되는 거야."

이미 이유를 알고 있음에도 부모를 떠보기 위해 물어보
는 것이라면 굳이 설명할 필요 없다. 아이 행동을 제지하며
간단명료하게 말하면 된다.

"안 돼."

불필요한 수식어와 비유는 오해만 일으킨다

교양 있는 어른들의 세계에서는 때로 직설 화법보다 은유와 상징, 완곡한 표현이 품격 있어 보인다. 그 말을 이해한다는 전제에서다. 그럼에도 어른 세계에서조차 불필요한 수식과 비유 때문에 실수하거나 모호해지는 상황이 꽤 발생한다.

한 금연 빌딩에 '이곳은 학생들이 공부하는 곳입니다. 금연해 주시면 정말 감사드려요'라는 문구가 있었다. 금연 빌딩은 학생들이 공부하는 곳이 아니더라도 법령상 금연인데 학생들이 공부하는 곳이므로 금연을 해주시면 감사하겠다는 부탁과 청유형으로 양심에 호소하는 글을 붙인 것이다.

선택의 여지가 없는 일임에도 마치 당신이 선택할 수 있다는 여운을 주면, 실수하게 만드는 함정이 될 수 있다. 감성이나 양심에 호소하는 말이 아니라 직설적으로 명시하는 말이 훨씬 정확하게 전달된다.

'이곳은 금연 빌딩입니다. 흡연 시 과태료 10만 원입니다.'

반드시 지킬 일, 꼭 해야 할 것을 알려줄 때는 그것에 맞게 직설적이어야 한다. 부드럽게 말해야 좋은 것으로 생각해 돌려서 말하면 헷갈리게 할 뿐이다.

"아들, 저기에 올라가면 될까? 잘 생각해 보자."
"잔디밭에 들어가면 왜 안 될까? 엄마 생각엔 들어가면 안 될 것 같은데 우리 민이 생각은 어때?"

이 질문은 열린 생각을 전제로 한 좋은 질문 같지만, 금지의 의미를 약화하며 아이에게 핑계 대고 반항할 빌미를 준다. 친절하게 돌려 말하던 부모는 참았던 화가 날 수도 있다.

"하지 말라면 하지 말라고! 왜 좋게 말하면 안 들어?"

하지만 부모는 좋게 말한 게 아니라 헷갈리게 말한 거고, 돌려서 말한 바람에 아이가 그 말을 이해하지 못한 것이다.

지시와 명령은 정확히 제대로 해야 한다. 그래야 아이가 '규칙은 선택하는 게 아니라 그대로 따라야 하는 것'을 배운다. 안 다치게 올라가든 올라가서 장난을 안 치든, 안 되는 것은 안 되는 것이다.

아이를 헷갈리게 하는 사례를 하나 더 살펴보고 현실 육
아에 응용해 보자.

적절한 지시와 명령의 말

5살 준이가 거실에서 뛰고 있다. 이 상황에서는 어떻게
말하는 것이 가장 적절할까?

A   거실에서 뛰면 어떻게 된다고 했죠?

B   뛰지 말라고 분명히 말했지? 했어? 안 했어?

C   (뛰는 아이를 저지하며 단호한 말투로) 뛰면 안 돼.

A의 경우엔 아이를 존중해서 의견을 물은 것이지만 아
이가 거실에서 뛰는 상황에서는 효과가 없는 방법이다. B
의 경우에는 윽박지르는 반복의 말 대신 짧게 "뛰지 마"라
고 말하는 게 효과 있다. 그렇잖으면 아이와 신경전을 벌이
는 상황이 될 뿐이다. 결국 의미 없는 말만 주고받게 되어
지시의 본질이 흐려진다.

부모 : 뛰지 말라고 분명히 말했지? 했어? 안 했어?

아이 : 했어.

부모 : 근데 왜 뛰었어?

아이 : ….

부모 : 왜 대답 안 해?

C의 경우처럼 "안 돼"라는 말이 부정어를 쓰는 것 같아 망설여진다면 그건 부정어가 아니라 '하지 말 것'을 지시하는 '가르치는 말'임을 잊지 말자. 지시의 말은 돌려 말하거나 애써 긍정어로 하면 전하고자 하는 말이 불분명해질 수 있다. "뛰지 말고 걷자"라는 표현도 있지만, 더 확실한 건 안 되는 건 안 된다고 하는 것이다.

"어떻게 생각해?"

"그래도 될까?"

"착한 사람은 그렇게 안 하겠지?"

이런 말은 오히려 아이를 혼란스럽게 한다. 확실히 금지해야 할 것이라면 "하지 마" "안 돼"라고 말해서 아이가 바로 알아듣게 하는 게 존중하는 것이다. 부모가 확실하게 지시하면 아이도 알아듣고 자신이 어떻게 할지 빠르게 행동을 수정한다. 부모는 "왜 그렇게 못 알아들어?" "도대체 몇 번을 말해야 알아듣니?"라는 말을 안 해도 되고, 아이는 하지 말 것에 대한 정확한 지침을 배운다.

돌려 말하지 말고 직설적으로 지시하는 것은 부모의 지시 효과를 높이는 비법이다. 규범에 대한 지시를 인지하고, 해야 할 것과 하지 말아야 할 것을 명확히 구별하는 것에서 아이는 자신을 조절하고 통제하는 능력을 높인다. 이러한 조절력은 어릴 때부터 길러주어야 한다. 아이의 정서, 친구 관계, 학습에 이르기까지 전 영역에 걸쳐 영향을 미치는 중요한 능력이기 때문이다.

화 안 내고 큰소리 치지 않는
감정조절 훈육법

"최소한 아이를 감정 쓰레기통으로 만들지 말아야지 했는데 결국 제가 어렸을 때 상처받았던 대로 아이를 대하고 있네요. 두 아이가 유치원과 학교에 갔을 때는 돌아오면 잘해줄 거라고 결심하는데 아이들이 귀가하고 몇 분 지나지 않아서 소리 지르고, 자책하길 반복합니다. 어떤 때는 화를 꾹 참고 있는데 아이가 '엄마, 이래도 화 안 낼 거야?'하고 약 올리는 것 같아요. 뭐가 문제일까요. 제가 문제겠죠?" -상담 중에서 감정에는 좋은 감정도 나쁜 감정도 없다고 한다. 모든 감정은 소중하다는 뜻이다. 그런데 '감정 쓰레기통'이나 '감정의 하수구'라는 비유가 있는 걸 보면 소중한 감정에도 분명 걸러내야 할 불순물이 있음이 확실하다. 만약 감정을 여과 없이 표현하면 거친 감정을 받아내야 하는 상대방은 상처를 입거나 오물을 뒤집어쓰게 된다.

어른에게는 선택이라는 자유의지가 있다

정신의학자이자 심리학자인 빅터 프랭클Viktor Frankl은 나치 강제 수용소에서 겪은 이야기를 쓴《죽음의 수용소에서》라는 책에서 이렇게 밝혔다.

'인간은 피할 수 없는 고난과 고통 앞에서 어떤 태도를 보이는가를 결정할 수 있는 자유의지가 있다.'

상황이 인간의 행동을 결정하는 것이 아니라 인간이 상황에 어떤 태도를 보일 것인지 선택할 수 있는 자유의지가 있다는 것을 강조한 것이다.《성공하는 사람들의 7가지 습관》으로 유명한 스티븐 코비 박사는 빅터 프랭클의 선택의 자유의지를 인용하여 성공은 자극(화)-선택(여과)-반응(표현)

에 따른다고도 단언했다.

이렇듯 인간은 타인의 감정과 행동, 말에 따라 태도를 선택할 수 있는 능력이 있으며 자신의 감정을 표현할 때도 어떻게 걸러서 말하고 행동할지를 선택하는 자유의지가 있다. 반응은 순식간에 일어난 것 같지만 '자극'에 대한 '선택'을 거쳐 '반응'이 나오는 것이다.

- 자극 : 화나는 상황이 발생했다.
- 선택 : 이 화를 어떻게 낼 것인가?
- 반응 : 손해 보는 반응은 안 한다.

어른은 황당한 자극을 받아도 이런 자유의지를 동원해 치밀하게 계산하고 선택해서 반응하는 과정을 거친다. 대체로 어른이라면 이 과정을 거쳐 반응하므로 감정적 행동, 후회할 만한 반응을 최소화하는 것이다.

'이 상황에서 소리 지르거나 감정적으로 대하면 나만 손해니까 침착하게 반응하자.'
'지금 내가 섣불리 대하면 후회할 거야. 나중에 말하자고 해야겠다.'

왜 내 아이에게는 감정조절이 어려울까?

감정조절 훈육법에서 굳이 빅터 프랭클을 인용하며 선택의 자유의지 이야기를 꺼낸 이유가 있다. 아이를 훈육할 때 부모의 감정조절이 어렵고 힘들지만 분명히 가능하다는 것을 전제하기 위해서다.

아이는 성장하면서 부모에게 수많은 자극이나 돌발상황을 유발하지만 다행히 부모는 어떤 기질의 아이든, 어떤 훈육 상황이든 '감정을 조절'해서 '최선의 선택'을 할 수 있는 능력을 갖추고 있다. 결론적으로 모든 부모에게는 감정조절 능력이 있는 것이다.

그런데 이상하다. 이 능력을 갖추었는데도 내 아이에게는 감정이 여과 없이 나온다. 감정조절을 할 거라고 '굳게' 마음먹어도, 막상 현실로 닥치면 감정조절은커녕 여과 없이 감정을 쏟아버리게 된다. 그래서일까. 부모의 육아 고민은 감정조절에 관련된 것이 대부분을 차지한다. 부모교육 강연에서도 Q&A 시간을 가지면 훈육할 때 어떻게 하면 화를 안 내고, 소리 안 지르고 말할 수 있는지, 감정조절에 관한 질문이 가장 많다.

"아무리 참으려고 해도 아이가 말을 안 들으면 순간적으로 화가 폭발해요."

"어떻게 하면 감정조절을 잘해서 훈육할 수 있을까요?"

왜 부모는 아이에게 감정조절 능력을 발휘하지 못하는 걸까? 어른은 누가 도발적인 자극을 해도 상대에게 휘말려 들어가지 않는 능력을 갖췄는데 왜 내 아이에게는 이 능력이 발현되지 못하는 것일까?

앞의 상담 사례를 더 살펴보고 어떻게 감정조절 해서 아이를 가르칠 수 있을지 생각해 보자.

아이가 밖에서 돌아오더니 냉장고로 직진해 주스를 꺼낸다. "더러워. 집에 오면 바로 손 씻으랬잖아. 왜 맨날 똑같은 말을 반복하게 해? 얼른 씻고 나오라고!" 하며 아이 손에 있는 주스 병을 뺏는다. 아이는 화가 났는지 냉장고를 부서져라 닫는다. '너 뭐 하는 짓이야?' 하고 혼내려다 손을 씻으러 가는 것 같아 참는다. 그리고 또 자책한다. '그게 뭐 소리 지를 일이라고. 좋게 말하면 될 것을….' 미안하고 무안해져서 아이가 마시기 좋게 컵에 주스를 따라 놓는다. 그런데 아이가 화장실에서 나오질 않는다. '그럼 그렇지. 또 장난하겠지' 하는 생각에 화장실로 가보니 아이가 세면대에 물을 틀어놓고 장난을 치고 있다. 아이를 거칠게 끌고 나온 후 주방으로 가 컵에 든 주스를 싱크대에 쏟아버린다. 순간 겁이 덜컥 난다. '내가 뭘 한 거지? 내가 미쳤나 봐.'

아이를 키우면서 "너 때문에 미치겠다"라는 말을 한 번도 안 해본 사람이 있을까? '나는 정말 나쁜 엄마인가 봐' 후회와 자책도 한다. 아이가 부모를 미치게 하고, 부모는 아이의 자극에 미친 행동을 한 것 같아 또 미칠 것 같다.

아이들은 왜 매번 부모를 자극할까? 입이 닳도록 말했는데 왜 그 단순한 걸 안 해서 잔소리하게 할까? 부모는 이미 답을 안다. 아이는 아직 어리고, 하고 싶은 대로만 하려는 성장 과정에 있기 때문이라는 것. 그런데 이렇게 답을 잘 알면서도 감정조절을 선택하는 자유의지 능력 대신에 매번 따지고 묻는 식의 잘못된 훈육이라는 오답을 작성한다.

"왜 그러는 건데?"
"왜 안 하는 건데?"
"엄마 말이 말 같지 않아?"

이런 말은 자신의 화를 돋울 뿐 아무것도 변화시킬 수 없다는 걸 부모는 말하는 동시에 알아차린다. 그래서 더 화가 난다.

'뻔히 알면서 나는 왜 매번 이러는 걸까?'

부모 자신에 대한 질책과 '너는 도대체 왜 그러는 거니?'라는 아이를 향한 감정이 교차하며 화가 더 난다. 이런 훈육 방법으로는 감정적인 말만 오갈 뿐 아이의 행동이 바뀌지 않는다는 걸 알면서도 부모는 반복한다. 그렇다면 오늘도 훈육에 실패한 것일까?

화내지 않으면서 아이가 결국 해내게 하는 부모
훈육할 때 부모의 감정조절 실패로 아이에게 화만 내고 후회하는 일을 멈추자. 부모는 어떤 훈육 상황에서도 자신의 감정을 선택할 수 있는 자유의지 능력을 갖췄다는 것을 잊지 않아야 한다. 분명한 건 우리는 아이의 행동에 감정적으로 끌려갈 수도 있지만, 감정을 선택해서 충분히 감정조절 훈육을 할 수 있다는 사실이다.
사랑하는 내 아이의 '잘못된 행동'을 '수정'한다는 훈육의 목표를 이뤄보자. '잘못된 감정 표현'이 아니라 '선택한 감정 표현'을 하면 된다. 아이에게 화내지 않고 훈육의 메시지를 명료하게 잘 전달할 수 있는 감정조절 훈육법이다. 상담 사례를 보며 어떻게 감정조절 훈육을 할 수 있을지 구체적으로 알아보자.

"더러워. 집에 오면 바로 손 씻으랬잖아. 왜 맨날 똑같은 말을 반복하게 해? 얼른 씻고 나오라고!"

이런 말이 나오려고 할 때 최소 3초만 멈추자. 이 3초는 감정이 편도체 영역에서 이성의 영역으로 넘어가는 시간을 확보하는 것이며 '자극'에 대한 '선택'의 시간을 가질 수 있게 한다. 감정적으로 격해져서 아이에게 소리 지르거나 많은 말을 쏟아내지 않게 하며 후회하지 않을 말을 선택할 수 있게 하는 것이다.

격한 감정적 말을 길게 쏟아내지 말고 아이에게 잘 들리도록 간결하게 말하자.

"먼저 손 씻고, 주스 마시자."

부드럽고 따뜻하지 않아도 좋다. 아이가 매번 부모의 말을 듣지 않아 반복해서 말할 상황인데 억지로 이를 악물고 참을 필요는 없다. 다만 엄격하고 간결하게 말하는 것이다. 아이가 유아라면 이 말을 하며 아이 손을 잡고 화장실에 가서 함께 손을 씻으면 좋다.

여기에 아이에 대한 부정적 자동사고를 멈춘다면 감정 조절 훈육은 완결이다. '또 말을 안 듣는다'라는 부정적인 생각이 떠오르지 않게 되기 때문이다. 자동사고에 대해서는 〈부정적 자동사고가 굳어지기 전에 긍정적 자동사고 습관을 형성해 주자〉 편에서 자세히 살펴볼 것이므로 여기에서는 간략히 의미만 알아본다.

'자동적 사고'는 어떤 상황에서 '자동으로 떠오르는 생각'으로 '긍정적 자동사고'와 '부정적 자동사고'가 있다. 미처 의식하기도 전에 자동으로 떠오르므로 '생각 습관'이라고도 할 수 있다.

분노를 촉발하는 '또 말을 안 듣는다'라는 부정적 생각

아이의 잘못된 행동에 감정이 격해질 때 부모의 말에 얼마나 많은 부정적 자동사고가 들어있는지 살펴보면 놀랍다.

'또 저런다.'

'그럼 그렇지.'

'애가 내 말을 또 무시하네.'

이런 부정적 자동사고는 너무도 강력해서 곧바로 '감정적'으로 표출된다. 부모가 아이에 대해 어떻게 생각하는지가 부모의 반응을 결정하기 때문이다.

잠든 아이의 머리를 쓰다듬으며 "엄마가 미안해"하고 눈물 흘린 때를 돌아보자. 말 안 듣는 아이, 부모 말 무시하는 아이라는 생각은 조금도 없다. 그저 아이에 대한 미안하고 애틋한 마음으로 '크느라고 애쓴다'고 생각한다. 바로 그것이다. 아이가 분노를 유발하는 순간 '그러면 그렇지. 또 말을 안 듣네'라는 부정적 자동사고를 긍정적 자동사고로 '대체'하자. 고이 잠든 아이를 바라보던 애틋함으로 '생각을 바꾸는 것'이다.

긍정적 자동사고 습관을 갖기 위해 다음 2문장을 기억하고 반복하여 되뇌어보는 것도 좋다.

"아직 어려서 엄마 말대로 실천하기는 쉽지 않을 거야."

"너도 잘하고 싶은데 잘 안되는 걸 거야."

"부모도 사람인데 어떻게 매번 이성적이 될 수 있나요?"라고 반문할 수도 있다. 물론이다. 부모도 사람이라 항상 이성적일 수는 없다. 하지만 부모는 아이에게 부정적 자동사고를 하지 말라고 가르치며, 감정조절의 중요성을 반복하고 강조하며 키워야 한다.

"상대에게 끌려가지 마. 그럼 앞으로도 끌려다니게 돼."
"아무리 화가 나도 욕하거나 때리면 절대 안 돼."

이렇게 아이에게 가르친 것을 부모 자신에게 적용하면 부모의 감정조절에 최고의 솔루션일 것이다. 내 아이가 타인의 감정에 휩쓸리거나 끌려가지 않으며 감정을 잘 조절하기를 바라는 마음을 부모가 먼저 실천해 보이자. 부모가 아이의 감정과 행동에 끌려가지 않으면 감정조절 훈육을 할 수 있다. 아이가 아무리 분노를 유발해도 화풀이와 소리지르기를 멈출 수 있음은 물론이다.

"머리로는 아는데 막상 현실이 되면 잘 안 돼요."

그럴 때마다 앞에 나온 긍정적 자동사고 습관의 2가지

문장을 반복해 읊조리며 부모다운 노력을 해야 한다. 처음에는 어려울 수 있지만, 반복하고 실행하다 보면 습관이 되어 "정말 되네요"라는 말을 할 것이다.

이 경험은 부모의 육아 효능감을 높여주고 이런 효능감을 느끼며 아이를 키우다 보면 훈육 상황이 줄어드는 경이로운 순간도 경험하게 된다. 부모가 감정조절을 하면 아이 또한 부모를 보며 감정조절을 배우기 때문이다.

감정조절 훈육은 아이의 조절력을 높여주며 '부모와 아이가 함께 성장한다'라는 육아 목표를 가장 확실하게 달성하는 육아 비법임이 분명하다.

부모는 아이가 믿고 따를 수 있는 존재여야 한다

아이를 키우다 보면 예상치 못한 일들이 발생한다. 아이의 친구 관계나 학교생활, 부모 손이 미치지 않는 곳에서 뜻하지 않은 어려운 일이 생기기도 한다. 만약 이런 일들이 아이 스스로 해결할 수 없는 것이라면 아이는 두려움, 공포, 분노 등 복합적 감정에 휩싸일 수 있다. 이때 아이가 찾아야 하는 첫 번째 대상이 부모여야 한다.

내 아이만큼은 늘 행복하길, 하지만…
부모는 내 아이만큼은 늘 행복하길 바라지만 그렇지 않

은 상황이 생기기 마련이다. 그럴 때 제일 먼저 의논할 수 있는 대상이 부모라면 아이는 부모라는 베이스캠프에서 위로받고 자신감을 얻어 단단해진 내면으로 다시 세상에 나아간다. 부모가 안전한 베이스캠프가 되어 주면 비 온 뒤에 땅이 굳어지듯 아이의 역경도 강한 멘탈로 거듭나는 계기가 되는 것이다.

'엄마와 아빠는 언제나 내 편'이라는 생각을 가진 아이는 어떤 상황에 부닥쳐도 혼자 고민하다 위험한 결론을 내리지 않는다. 〈아이는 부모와의 '사랑의 관계'에서 성장한다〉편에서 다루었듯, 육아에서 가장 중요한 것은 부모와 아이의 관계다. 부모와 아이의 관계가 좋으면 아이는 어떤 부당함과 고난에도 두려워하며 떨지 않는다. 부모라는 안전지대, 베이스캠프가 있기 때문이다.

내 아이에게 친구 문제나 학교폭력 문제 등 그야말로 예기치 못한 불행한 일이 닥쳤다고 예상해 보자. 아이가 부모를 신뢰하고 베이스캠프로 여기면 위기를 성장의 기회로 만들 수 있다. 하지만 그 반대라면 어떨까.

아이를 키우다 보면 불가피한 불행이 일어날 수 있다

"운전하다 보면 피해자도 가해자도 될 수 있어요."

'안 그래도 겁나는데 웬 피해? 가해?' 하는데 이 마음을 읽은 듯 운전학원 강사는 말했단다.

"겁주려고 하는 말이 아니라 운전도 습관이거든요. 처음 배울 때부터 최소 3개월은 고지식할 정도로 원칙을 지켜야 좋은 운전 습관이 몸에 밸 거예요."

그러면서 평소에 신호와 횡단보도의 정지선 등은 어떤 일이 있어도 '철저하게' 지키는 습관을 들여야 한다는 것과 '방어운전의 중요성'을 말하는데 더 신뢰가 가더란다.

지인이 운전 연수 일화를 말하는데 문득 학교폭력 피해 학생 부모님과의 상담이 오버랩되며 아이가 학교폭력의 피해자가 될 수 있다는 전제로 '평소에 대비해야 한다'라는 솔루션이 떠올랐다. '내 아이에게 무슨 학교폭력?'이라는 생각도 들겠지만 안전운전과 방어운전을 하면서도 보험이 필수이듯 육아를 하며 반드시 준비해 둘 사항이 불가피하게 일어나는 일에 대한 예방책이다.

준비의 최우선 순위는 아이가 부모를 안전지대로 느끼도록 부모와 아이의 관계를 잘 맺어야 하는 것이다. 아이의 학폭 문제는 그 자체도 큰 문제지만 '평소 아이와 부모가 맺어온 관계'에 의해 해결 과정과 결과가 크게 달라진다.

어느 집단에서든 불가피한 문제는 생길 수 있다. 상상하기도 싫지만 '학교폭력'도 남의 일만은 아니다. 학교폭력이란 몇 살부터 발생한다는 연령 기준도 없으며 내 아이가 어리고 순하고 착하니까 그런 일과는 무관할 것이라는 보장도 없다. 우리에게는 절대 그런 일이 일어나지 않는다는 생각보다 누구에게나 일어날 수 있는 것으로 생각해야 막상 일이 닥쳤을 때 가족 전체가 불행에 빠지지 않는다. 부모는 무엇을 '대비'해야 하는지 구체적으로 살펴보자.

학교폭력, 아이의 베이스캠프가 되어 줄 부모가 있다면

KBS Joy 〈무엇이든 물어보살〉에 학교폭력 때문에 멀어진 엄마와의 관계를 회복하고 싶어 하는 사연자의 이야기가 나왔다. 감정의 골이 너무 깊어진 엄마와의 관계가 회복될 수 있을지에 대한 고민이었다. 학교폭력을 당한 아이는 그로 인해 엄마와 오해가 생겼고, 이후 왕래도 안 하는 사이가 되었다고 한다. 피해를 당한 아이를 누구보다 깊이 이해하고 안아줬을 부모인데 왜 둘 사이에 감정의 골이 깊어

졌을까? 아이와 엄마 사이에 어떤 일이 있었길래 절연까지 하게 되었을까?

부모는 아이의 학교폭력에 그 누구보다 마음이 아프면서도 아이를 몰아붙이며 상처주는 말을 한다.

"학교생활을 어떻게 했길래 이런 일이 일어난 거야?"
"네가 아무런 잘못 안 했는데도 그랬겠어?"

혹은 '너, 그럴 줄 알았어'라는 부모의 시선이 아이를 더 아프게 할 수도 있다. 부모에게 말해봤자 비난만 받고 아무 소용 없다는 사실을 확인하면 아이들은 마음의 문을 닫고 다시는 부모와 의논하지 않는다. 아이는 부모에게 의지할 수도 없고 상처를 입은 채 관계는 멀어질 수밖에 없다.

학교폭력처럼 하늘이 무너지는 절망스럽고 고통스러운 상황에서 안전한 베이스캠프가 되어 줄 부모가 있다면 아이는 절망에 빠지지 않을 것이다.

절대 부모에게 말하지 않을 거야
아무에게도 위로받지 못하는 아이

아이가 부모를 안전지대로 여기면 사실대로 말할 수 있다. 만약 아이가 부모에게 사실대로 말하지 못한다면 이유가 있을 것이다.

1. 부모님이 걱정할까 봐
2. 부모님께 비난받을 게 뻔해서
3. 어차피 해결하지 못할 것이라는 단정

어떤 이유든 이 마음도 알아주어야 한다. 설령 아이가 부모에게 말하더라도 다 말하지 못할 수도 있다. 다 말하다 보면 어느 면에서든 자기 잘못이 드러날까 봐 걱정되기 때문이다. 그럴 때 아이 말을 끊고 "그럼 그렇지. 네가 그랬으니까 그랬지!" 식으로 대응하면 대화는 단절되고 관계는 끊어진다. 아이는 부모에게 말한 것을 후회하고 수치감을 느끼며 가장 절박한 순간에 부모로부터 보호받지 못한 채 결국 부모에게서 멀어지는 것이다.

모 교육청에서 실시한 '관계회복지원'에 학교폭력 피해자와 부모의 관계회복 프로그램을 마련한 것도 이와 무관하지 않다.

학교폭력으로 상처 입은 아이가 부모 품에서 상처를 치유 받아야 하는 데 오히려 관계가 악화되고 가족과 절연하는 경우가 생기지 않으려면 부모는 어떻게 해야 할까?

네 곁에는 엄마와 아빠가 있어

1. 학교에 알리지 마세요.
2. 교육청 설문 조사에 답하지 마세요.
3. 어른들을 절대 믿지 마세요.

한때 학교폭력 해결책으로 인터넷에 떠돌아다녔던 말이다. 학교, 교육청, 어른들을 믿지 못하는 아이. 아무도 믿지 못하고 도움이 되지 않는다고 생각하며 부모에게조차 피해 사실을 알리지 못하는 아이는 얼마나 외롭고 힘들까?

내 아이는 학교, 교육청, 어른들은 못 믿어도 '부모'는 믿어야 한다. 다행히 인터넷에 떠돈 내용과 달리 '2023년 학교폭력 실태조사'에 의하면 학폭 피해 사실을 알린 경우는 92.3%였고, '보호자나 친척'에 알린 경우가 36.8%로 가장 높았다. 그렇지만 '피해 사실을 알리지 않은 경우'가 7.6%나 됐다는 사실도 간과해서는 안 된다. 예기치 않은 사고가 있듯 만약을 대비해서라도 부모는 자문자답해 봐야 한다.

'만약 내 아이가 아무도 도움 되지 않는다며 피해 사실을 알리지 않는 7.6%에 해당한다면?'
'학폭에 연관되었을 때 아이는 누구에게 도움을 요청할까?'
1. 부모
2. 선생님
3. 친구와 선후배
4. 아무에게도 안 함

최우선 순위로 부모가 선택받아야 한다. 부모는 아이가 가장 어렵고 힘들 때 의지할 수 있는 대상, 베이스캠프이기 때문이다. 그러기 위해서 부모는 아이에게 '엄마와 아빠는 언제나 네 곁에 있다'는 인식을 갖도록 노력해야 한다. 아이에게 어릴 때부터 이런 믿음을 심어주어야 부모에 대한 신뢰감이 깊이 형성된다. 내 아이가 부모의 품에 들어오는 10살까지 부모는 다음 말이 귀에 맴돌도록 반복해 주자.

"우리는 네 이야기를 듣는 것이 좋단다."
"엄마와 아빠는 어떤 일이 있어도 네 편이 되어 줄 거야."

"자신에게 아무 잘못이 없어도 문제는 일어날 수 있어"

가족과 함께 여행하거나 차로 이동할 때 자연스럽게 메시지를 전달할 수도 있다. 운전하다 보면(살다 보면) 내가 잘못하지 않아도 사고는 날 수 있다고 말이다.

'네가 조심하고, 네게 문제가 없어도 문제는 생길 수 있어'를 알려준 부모라면 "네가 어떻게 했길래 이런 일이 생긴 거야?"라는 말로 돌이킬 수 없는 관계를 만들지 않는다. 문제를 해결할 때도 아이를 제쳐두고 부모 맘대로 하지 않고, 아이가 더 이상 상처받지 않도록 현명하게 대처한다.

키즈 퍼스트Kids First 패런츠 세컨드Parents Second 솔루션

학교폭력 피해를 해결할 때도 아이에게 '어떻게 도와주면 좋은지' '어떤 도움이 필요한지' 물어보고 함께 모색하자. 아이 일은 아이가 가장 잘 안다. "이건 어른들이 해결할 문제야" "넌 가만있어"라며 부모가 일방적으로 나서다 학교에 대한 불신과 불안감이 생겨 등교 거부로 이어지는 경우도 많다. 아이 의견과 부모 의견을 보완·절충하며 해결해 나가는 과정에서 부모는 전체 맥락을 더 잘 파악할 수 있으며 아이도 자신의 문제를 객관적으로 파악한다.

아이가 학교폭력 당한 사실을 알고 흥분해서 해결하려다 뒤늦게 '내 아이의 잘못'을 알게 되는 일도 있다. 그럴 때 아이를 다그치면 문제에 접근도 못 하고 관계만 멀어지므로 아이의 잘못을 뒤늦게 알았어도 이런 말을 해서는 안 된다.

"왜 다 말하지 않았어? 제대로 말했어야지!"
"네 말만 믿었다가 이게 웬 망신이야? 이제 어떻게 할 거야? 어떡할 거냐고!"

충분히 이야기 나누었어도 미처 못한 이야기는 있기 마련이다. 어떤 상황에서도 아이가 두 번 상처받지 않게 해야 한다. 키즈 퍼스트, 패런츠 세컨드를 기억하자. 학교폭력을 당한 아이는 학교에 대한 공포가 생길 수도 있고 생각보다 해결하는 시간이 오래 걸릴 수도 있다. 아이는 끝 모를 동굴로 들어가는 어둡고 긴 시간처럼 느낄 것이다. 동굴로 들어가는 암담한 절망이 아니라 터널을 통과하는 과정이라 생각하며 잘 이겨내도록 이렇게 말해주자.

"네 잘못이 아니야."
"이런 일은 누구에게든 일어날 수 있단다."

이런 말은 아이를 안심시키며 앞으로의 관계 맺기도 두려워하지 않게 한다. 내 아이가 당한 학교폭력 피해를 일종의 천재지변과 같이 여겨주자. '잘못해서'가 아니라 '잘못하지 않았어도 일어날 수 있는 일'로 여겨야 아이가 학교와 관계 맺기 공포에 빠지지 않는다.

아이가 믿고 따를 수 있는 부모, 안전한 베이스캠프가 되어 주는 부모의 아이는 시련을 성장의 발판으로 삼아 한층 성숙한 내면의 소유자가 된다. 부모는 언제든 어떤 상황에서든 아이가 처음부터 마지막까지 믿고 따를 수 있는 안전지대 같은 존재여야 한다.

정서 지능이
높은 아이

왜 정서 지능인가?

정서란 여러 가지 감정, 생각, 행동과 관련된 정신적이고 생리적인 상태를 말하며 정서 지능이란 정서를 처리하고 조절하는 능력, 자신의 감정과 타인의 감정을 인식하고 조절하며 대처할 수 있는 능력이다. 흔히 '정서가 안정적이다' '정서 지능이 높다'고 표현하는데 일상 용어로 쉽게 말하면 '눈치'라고 해도 무방할 것이다.

지난 120여 년간 IQIntelligence Quotient는 인간의 지능을 측정하는 유일한 지수로 인식되었다. 또한 지적인 능력이 우수할 경우 '능력이 좋다'고 여기기도 했다. 하지만 IQ는 학습적인 면에서는 측정이 가능할 수 있어도 사회 구성원으로 살아가면서 필요한 지적인 능력 이외 인간의 다양한 능력에 대한 측정으로는 한계가 있었다.

이 한계를 느끼던 터에 등장한 EQEmotional Quotient는 특히 아이를 키우는 부모에게 대대적인 환영을 받았는데 이유는 분명하다. 부모는 아이가 성장하면서 친구나 타인과의 관계 맺기가 원만하고 행복하게 살기 바라는데 정서 지능이 높은 아이일수록 자신의 감정을 잘 알고 관계를 맺는데도 뛰어나기 때문이다.

정서 지능이 높다는 것은 그만큼 환경에 대한 적응력과 대인관계가 좋다는 말과도 통한다. 정서 지능은 이에 그치지 않고 부모가 아이에게 가르쳐주고, 전수하고 싶은 모든 것이 포함되어 있다고 해도 과언이 아니다.

세계적인 심리학자 대니얼 골먼Daniel Goldman은 그의 저서《감성지능Emotional Intelligence》을 통해 정서 지능이라는 용어를 대중적으로 알리고 정서 지능에 대한 신뢰도를 높이는데 톡톡한 기여를 했다.

그는 그동안 성공의 강력한 예측 요인이라고 여겨졌던 IQ가 성공을 결정하는데 생각보다 큰 영향을 주지 않는다고 결론지었으며 높은 수행 능력의 결정 요인은 자신감, 자기조절능력, 대인관계, 공감능력 등의 감성 지능이라고 주장했다. 감성 지능이야말로 원만한 인간관계를 형성하고 관계의 폭을 넓히는 데 결정적인 역할을 한다는 것이다.

골먼이 말한 개념에는 끈기, 열성, 만족 지연 등도 포함된다. 그의 다음 정의는 모든 부모로 하여금 '내 아이의 정서 지능을 높여주어야겠다'라는 확신을 하게 할 것이 분명하다.

"정서 지능이야말로 좌절 상황에서 자신을 지키게 하며, 충동 통제와 만족 지연을 가능하게 하고 타인에게 공감하고 희망을 버리지 않는 능력이다."

내 아이가 학교생활과 이후 사회생활에서 성공하고 행복해지려면 정서 지능이 핵심 능력이라고 하는 이유는 또 있다. 정서 지능이 삶에서 발생하는 갈등과 스트레스에 효과적으로 대처하고, 긍정적인 방향으로 이끌기 때문이다. 이는 '낙관성' 개념과 긍정심리학으로 널리 알려진 미국의 심리학자 마틴 셀리그만Martin Seligman 교수의 연구에서 살펴볼 수 있으며 그는 정서 지능의 요소인 긍정적 정서, 즉 낙관성이 인간의 행복과 성공을 이끈다는 연구 결과를 보여주었다.

아이의 정서 지능을 높여주어야 할 이유가 분명해졌다. 내 아이도 자신의 감정을 잘 표현하고 타인의 감정도 존중할 줄 아는 정서 지능이 높은 아이로 키워보자. 자신과 타인의 정서와 기분을 잘 관리하고 공감하는 아이. 좌절의 상황에서 자신을 지키고 충동 통제와 만족 지연을 하는 아이. 이렇게 정서 지능이 높은 아이는 자신이 해야 할 일을 결국은 해낼 것이다.

정서 지능이 높은 아이의 특징과 멘탈이 강한 아이의 특징은 한치도 다른 게 없다. 이 장에서는 멘탈 강한, 정서 지능이 높은 아이로 키우는 구체적인 방법과 솔루션을 제시한다.

내 아이의 정서 지능을 높이는 방법을 본격적으로 살펴보기 전에 정서 지능 높이는 육아를 시작하는 부모에게 현실적이고 반가운 사실 3가지를 알려주고 시작하려 한다.

첫째, 돈이 전혀 들지 않는다.

둘째, 엄청난 능력을 길러주는 일임에도 아이와 부모 모두에게 부작용이 없다.

셋째, 아이의 정서 지능을 높여주는 과정에서 부모의 정서 지능도 높아진다.

이제 내 아이를 정서 지능이 높은 아이로 키우는 기쁜 발걸음을 내디뎌보자.

부모의 기대와 관심이
아이 인생의 틀을 완성한다

"정말이지 말이에요. 숙녀와 꽃 파는 아가씨 사이의 차이는 다른 사람에게 어떻게 대접받는가에 있지요. 저는 히긴스 교수님께는 항상 꽃 파는 여자로 남아있을 거예요. 왜냐하면 교수님은 저를 꽃 파는 여자로 대하고 앞으로도 계속 그럴 것이기 때문이죠. 하지만 저는 당신에게는 숙녀가 될 수 있다는 걸 알고 있어요. 왜냐면 말이지요. 당신은 절 숙녀로 대우해 왔고 또 앞으로도 그렇게 할 거라는 걸 제가 잘 알고 있기 때문이에요."

오드리 헵번 주연의 〈마이 페어 레이디〉로 영화화되기

도 한 뮤지컬 〈마이 페어 레이디〉의 원작 희곡 《피그말리온》에 나오는 대사다. 그 유명한 '피그말리온 효과Pygmalion Effect'를 대사에 녹여낸 것으로, 같은 사람이라도 그 사람을 어떻게 대하고 그 사람이 어떤 대접을 받느냐에 따라 달라진다는 말이다. '피그말리온 효과'는 심리와 교육, 육아 전반에서 빈번하고 중요하게 인용되고 다뤄진다.

피그말리온 효과, 간절히 원하고 기대하라

피그말리온 효과는 그리스 신화로부터 시작된다. 키프로스 왕이자 조각가인 피그말리온은 대리석으로 아름다운 작품을 만들어내는 예술가다. 어느 날 그는 아름다운 여인 조각상을 완성하고 그 아름다움에 넋을 잃고 사랑에 빠진다. 그는 여인상을 갈라테이아라고 부르며 살아 있는 여인이 되기를 '간절히' 원한다. 이에 감동한 미의 여신 아프로디테는 그의 소원을 들어주어 갈라테이아에게 생명을 불어넣는다.

이 신화에서 유래한 것이 '피그말리온 효과'다. 예언하고 바라는 것이 실제로 현실에서 이루어진다는 것이다. 간절하게 기대하면 기대가 현실로 나타난다는 이 이론은 다음 3가지가 핵심이다.

- 어떻게 대하는가 – 태도
- 어떻게 바라보는가 – 관점
- 어떻게 말해주는가 – 말

피그말리온 이론은 심리와 교육 부문에서 다양한 연구로 시도되었는데 그중에서 널리 알려진 연구가 '로젠탈 효과'다. 하버드대학교의 교수 로젠탈Robert Rosenthal 박사는 미국 샌프란시스코의 초등학교 학생들을 대상으로 연구했으며 《피그말리온》이라는 책에서 이 실험을 통한 연구 결과를 구체적으로 보여주었다.

로젠탈 박사 팀의 연구는 다양한 실험 도구가 동원되거나 복잡한 과학적 실험이 아니었다. 피그말리온의 교육적 원리는 단순하고 직선적이며 이 한 가지가 실험의 전부였다.

'교사의 기대와 격려가 아이들을 변화(성적 향상)시키는가.'

기대에 부응하는 아이들

교실 속에서 교사의 기대가 아이들의 성적을 어떻게 변화시켰는지 확인하는 건 놀랍다. 결과는 아주 명확했다. 교사가 학생의 성장에 대해 기대를 하면 학생들은 그 기대에 부응했고, 지적수행 능력이 향상되었다. 교사의 기대에는 '말과 눈빛, 아이를 대하는 태도'가 들어있음은 물론이다.

- 교사의 기대와 격려 + 기대에 부응하려는 아이들 = 기대한 대로 성과를 이뤄냄

그리스 신화에서 유래한 피그말리온 효과와 실험 연구를 통한 로젠탈 효과는 일치한다. 우리에게도 말이 씨가 된다는 속담이 있다. 원하는 대로, 기대하는 대로, 말하는 대로 된다. 보이지 않는 기운에 불과한 '기대'가 사람을 '움직이는' 것이다. 세계적인 작가 파울로 코엘료의 《연금술사》에 나온 '무언가를 간절히 원할 때 온 우주는 그 소망이 실현되도록 도와준다'라는 구절도 맥락을 같이 한다.

간절히 기대하고, 표현해 주자

아이에게 간절히 기대하고 원하자. 그리고 말해주자. 부모가 가정에서 피그말리온이 되어 주면 아이는 '자기충족적 예언Self-Fulfilling Prophecy'을 한다. 부모의 기대, 눈빛, 말을 통해 자아상을 형성하고 그렇게 되려고 노력하는 것이다.

부모는 아이의 마음속에 어떤 예언과 믿음을 심어줄 것

인가. 부모가 가정에서 로젠탈 실험의 교실 속 선생님처럼 기대하고 격려하면 내 아이는 기대대로 될 것이다. 아이가 부모 뜻대로만 움직이는 수동적 존재라는 뜻이 아니다. 아이는 부모의 기대대로 예언을 설정해서 그 예언이 현실이 되도록 자신을 움직인다는 의미다.

"나는 그렇게 될 수 있어. 해보는 거야."

이제 충분하게 입증되었으니 내 아이에게 간절히 기대하고, 격려하며 말해주자. 긍정적인 마음으로 아이를 대하고 기대의 눈빛으로 바라보며 표현하자. 부모의 마음에 있어도 표현하지 않으면 아이는 알지 못한다. 반드시 전해지고, 들리도록 표현해야 아이가 확실히 알 수 있다. 그러면 아이는 움직인다. 아이 스스로 자기 가치감을 올리며 인생의 틀을 만들어 나간다. 부모가 기대하고 격려하면 아이는 많은 것을 효과적으로 배우며 기대에 부응하려 더 노력한다.

부모의 기대와 믿음, 사랑은 아이 인생의 틀을 만든다

피그말리온 효과에서 교육적으로 중요한 개념이 바로 기대다. 긍정적인 기대나 관심이 좋은 영향을 미친다는 것이다. 그렇다면 부모의 부정적인 말이나 부당한 대우는 어떤 영향을 미칠까. 안타깝게도 영향 정도가 아니라 지울 수 없는 오명, 상처와 흉터를 남긴다. 이를 '스티그마 효과Stigma Effect' 또는 '낙인효과'라고 한다.

부정적 자아상을 갖게 하고, 너는 할 수도 없고, 될 수도 없다고 낙인찍는 것을 미국의 사회학자 하워드 베커Howard Becker는 '낙인 이론Labelling Theory'라 명명했다.

부모에게는 아이를 '그렇게 되게' 하는 영향력이 있다. 아이는 부모가 기대하고 격려한 대로 부응하려 하지만 부모가 부정적인 낙인을 찍으면 또한 그렇게 된다. 만약 부모가 "너는 하는 짓마다 왜 그 모양이니?" "바보같이 그것도 하나 제대로 못 하는 거야!"라고 낙인찍으면 아이는 그런 부정적 정체성을 형성한다. 아이가 스스로를 '뭐 하나 제대로 할 줄 모르는 바보'로 낙인을 찍으며 쓸모없고 무가치한 사람이 되는 것이다. 그러므로 부모는 최소한 다음 3가지는 하지 않아야 한다.

1. 아이를 대할 때 '네가 그렇지 뭐'라는 부정적인 마음으로 대하지 않기
2. 아이를 바라볼 때 '눈독' 담지 않기

3. 아이가 잘할 때는 그냥 넘어가면서 '못할 때만' 지적해서 말하지 않기

아이의 존재감을 올려주는 피그말리온 부모

내 아이에게 간절히 바라는 것을 말과 눈빛으로 건네자. 그리고 다양한 방법으로 표현해 주자. 아이의 존재가치는 부모의 "너는 있는 그대로 소중한 존재야"라는 말과 부모의 기대가 합쳐져 올라간다. 말과 눈빛이 조합될 때 더 완벽해진다.

아이를 바라보는 부모의 '1초 눈길'이 아이의 인생을 결정할지도 모른다. 싸늘하고 냉정한 포기의 눈길로 보내는 '너한테 뭘 기대하니'라는 메시지 한 줄은 상대를 단박에 쓰러뜨릴 강한 독성을 품고 있다. 아이러니하게 부모가 자식에게 그렇게 한다. 어떤 부모도 이런 부정적 자아상을 심어주고 싶지 않음에도 그렇다. 부모는 아이가 자신의 잠재력을 최대한 끌어내도록 해주고 싶다. 그렇다면 간절히 원하고, 진심으로 말하라.

기대하는 대로 되는 피그말리온 효과, 로젠탈 효과는 심리학적으로는 자기충족적 예언이고, 교육학 관점으로는 선

생님이 아이를 대하는 대로 된다는 것이며, 부모교육의 관점으로는 아이는 부모가 대하고 말하는 대로 된다는 것이다.

부모의 눈빛과 마음, 그리고 말로 표현하여 내 아이에게 '그렇게 되고 싶다'라는 기운을 불어넣어 주자. 그리하여 마침내 아이가 그런 사람이 되게 하자. 부모의 기대와 사랑, 관심이 아이 인생의 틀을 완성한다.

채워지지 않은 정서적 욕구는 성인이 되어서도 갈망한다

　미국 드라마 〈빅뱅이론〉이라는 시트콤 이야기를 해보려한다. 무려 시즌 12까지 방영되었는데 미국 쇼 역사상 최고 시청률을 경신한 드라마다. 긴 시리즈인 만큼 부모, 자녀, 친구, 동료 관계 등 여러 에피소드가 있는데 특히 부모와 자녀에 대한 메시지가 긴 울림을 주었고, 부모교육에 응용할 선물 같은 장면도 많았다.

　시리즈의 마지막 즈음에서는 영유아를 둔 부모들과 나누고 싶은 내용이 있어서 몇 번을 반복해서 보았다. 애착형성과 인정욕구 등 육아에 중요한 단서가 되는 장면이었다. 특히 '의존적 욕구'를 설명해주는 듯한 짧은 대사는 매우 인상적이었다. 어릴 때 의존적 욕구가 채워지지 않으면 평생 어떤 현상이 일어나는지 예리하게 보여준 장면의 대사는 이렇다.

"언제까지 엄마의 인정을 갈구해야 해?"
"엄마만 보면 난 애정에 굶주린 여덟 살짜리 꼬마가 돼."

이 장면을 캡처해서 연구소 블로그에 올렸다. 아이가 어릴 때 의존적 욕구를 채워주어야 할 중요한 이유를 부모들과 공유하고 싶어서였다.

어릴 때 채워주어야 할 '의존적 욕구'

어른이 되어서도 어린아이처럼 여전히 엄마의 사랑과 인정을 갈망하며 갈등 심리를 보여주는 천재 청년 '레너드'의 "언제까지 엄마의 인정을 갈구해야 해?"라는 절망스러운 외침은 어릴 적 채워지지 않은 의존적 욕구 결핍이 평생 간다는 것을 보여준다.

서른이 넘은, 그것도 학계에서 인정받는 천재가 엄마 앞에서는 여전히 애정에 굶주린 여덟 살짜리 꼬마가 된다는 절망스런 외침에 친구 '에이미'는 이렇게 공감해 준다.

"엄마한테 인정받고 싶은 욕구는 본능적인 거야"

이 욕구는 누구에게나 있는 본능이며 어릴 때 채워지지 않으면 어른이 되어서도 계속 갈망하게 된다는 것을 부모라면 귀담아들을 필요가 있다. 의존적 욕구는 본능적이며 어릴 때 충분히 채워주어야 어른이 되어서 더 이상 갈망하지 않는다는 강한 메시지를 담았기 때문이다.

아이를 잘 키우고 싶은 부모라면 어릴 때 부모에게 채워지지 않은 의존적 욕구를 성인이 되어서도 갈망한다는 사실을 통해 내 아이가 어른이 되어 어린아이처럼 인정을 갈망하지 않게 해야겠다는 육아 목표도 하나 더 추가했을 것이다. 아이가 어른이 되어 친구나 동료, 타인에게 인정받으려고 애쓰며 맞춰주고 끌려다니는 모습을 상상해 보는 것만으로도 아찔하지 않은가.

부모 품 안을 좋아하는 시기, 부모의 사랑과 인정에 기뻐하는 10살까지 아주 많이, 아이의 의존적 욕구를 채워주자. 있는 그대로 사랑하고 칭찬해 주면 된다.

의존적 욕구를 채워주는 것은 부모의 의무다

본능은 어릴 때 더 강하며 그 시기에 채워줄 때 가장 효과 있다. 적기에 채워지지 않으면 텅 빈 채로 남아 늘 갈구하게 된다. 본능은 누가 가르쳐 주지 않아도 선천적으로 출현하는 자동적 반응이다. 마치 아이가 젖을 빠는 것이나 반사 행동 같은 것들이다. 이 본능적 욕구를 채워주지 않으면 생명이 위태할 수 있고, 정서에 문제가 생기거나 다음 성장에 걸림돌이 된다.

아이에게 절대적인 존재인 부모에게 사랑받고 싶고, 보호받고 싶고, 위로받고 싶은 건 아이 내면에서 본능적으로 일어나는 욕구다. 이 욕구를 채워주는 것은 선택의 문제가 아니라 필수다. 하지만 부모가 뛰어난 능력을 갖췄거나 자식에 대한 기대가 높은 경우에는 의존 욕구를 조건에 따라 채워주는 오류를 범하기도 한다. 이를테면 〈빅뱅이론〉에서 '레너드'의 엄마는 아들이 성과를 내야만 칭찬했다. 놀랍게도 엄마는 유명한 정신과 의사이며 그 분야 최고의 저술가인데 정작 자기 아이의 본능은 돌봐주지 않은 것이다.

의존적 욕구를 채워주는 일은 아이에게 먹을 것과 잘 곳, 그리고 기본적인 보살핌을 제공하는 것과 같은 맥락으로 접근해야 한다. 의존적 욕구를 채워주는 것은 부모의 선택이 아니라 '의무'인 것이다. 그만큼 아이에게 절대적으로 중요하다는 의미다.

아무에게나 기대고 아무 곳에나 소속되려는 아이

아이가 어릴 때 채워지지 않은 의존적 욕구는 어른이 되어서 갈구하는 정도에 그치지 않는다. 타인에게 지나치게 기대고, 치대거나 인정받기 위해 아무 곳에나 소속되려는 위험을 감수하기도 한다.

의존적 욕구는 어떤 상황에도, 나를 있는 그대로 받아들여 주고 사랑해 주길 바라는 욕구다. 매슬로우Abraham Maslow의 욕구 이론을 빌면 '애정과 소속의 욕구'로 설명될 수 있다. 나를 존재 그 자체로 사랑해 주고, 다른 사람과 비교하지 않으며 가족의 일원으로 소중한 존재임을 알아주길 바라는 마음이기도 하다.

부모와 함께 있으면 안정되고 편안함을 느끼고, 어렵고 힘든 일이 있으면 부모에게 기대며 함께 문제를 해결해 나갈 수 있다는 든든함을 느끼는 아이는 세상을 두려워하지 않는다. 설령 부딪히고 넘어지더라도 회복할 힘을 주는 부모라는 든든한 정서적 지지자가 있기 때문이다.

아이를 있는 그대로 인정해 주며 지지해 주는 것에 대해 이론으로는 충분히 알고 있지만 실천하기란 말처럼 쉽지는 않다. 부모는 '아이의 있는 그대로'보다 '더 나은 아이'로 키우고 싶어 고군분투하는 중이라서 그렇다. 그런데 이때, 아이에게 있는 그대로 너를 사랑한다는 메시지가 부족하면 의존적 욕구가 결핍되어 애정을 갈구하는 어른으로 자란다. 그 모습을 상상하는 건 어렵지 않다. 관심받기 위해 상대가 원하는 대로 다 해주거나 끌려다니는 사람이다.

의존적 욕구가 결핍되면 어른이 되어서도 '나 좀 알아달라'고 사랑하는 사람, 소중한 사람을 괴롭히기도 한다. 분리불안이 심해서 과하게 기대고 집착하며 스스로 실망하길 반복한다. 그렇게라도 해야 안정이 되므로 아무에게나 기대고 아무 곳에나 소속되려고 안간힘을 쓰는 것이다.

있는 그대로 봐주고, 인정해 주기

어린 시절 결핍된 의존적 욕구에 대한 갈망, 채워지지 않은 이 욕구는 어른이 되어서도 여전히 갈망하게 된다는 것을 영화 〈레이니 데이 인 뉴욕A Rainy Day in New York〉에서도 살펴볼 수 있다. 티모시 샬라메Timothee Chalamet가 엄마에게 한 짧은 대사에 부모가 아이에게 채워줄 의존적 욕구의 솔루션이 응축되어 있는 것이다.

"저를 있는 그대로 봐주길 바라요."

무슨 말이 필요할까. 아이는 있는 그대로 사랑받고 싶고, 힘들면 기대고 싶다. 부모라는 절대적 존재에게 채워지는 이 욕구가 평생 내 아이에게 주는 힘은 더 이상의 설명이 필요 없다. 아이가 어릴 때 부모는 절대적 존재다. 대체 불가의 절대적 존재인 부모로부터 채워진 이 욕구는 평생 아이에게 힘이 된다. 아이는 부모가 채워준 충족된 욕구를 바탕으로 스스로 더 채워나가며 부모가 바란 그 이상의 존재로 성장한다.

부모는 아이에게 없는 것을 바라지 말고 있는 그대로 봐주고 인정해 주면 된다. 말 표현과 아울러 스킨십으로도 표현하자. 깊이 안아주고, 머리를 쓰다듬어 주며, 볼을 비비고, 손도 따스하게 잡아주자. 아무리 바빠도 아침에 일어날 때와 아이가 잠들기 전에 의식처럼 규칙적으로 의존적 욕구를 채워주는 퀄리티 타임을 가지면 좋다. 아침에 일어날 때 아이를 어루만지며 오늘도 즐겁게 지내자고, 잠자리에

들 때 오늘 하루는 어땠는지 건네는 부모의 따뜻하고 포근한 말과 손길이 아이의 의존적 욕구를 채워준다.

아이가 어렸을 때 사랑받고 싶고, 힘들 때 기대고 싶은 당연한 감정을 수용 받지 못하고 거부당하게 되면 그 절망감은 앙금으로 남아 두고두고 자신을 힘들게 한다. 이런 경우에는 훗날 부모가 잘해줘도 '그동안 못 해준 거 지금이라도 해주는 건 당연하지'라는 심리가 생긴다. 부모는 감사를 모르는 성인 자녀에게 '잘해줘도 소용이 없다'라는 서운함을 느낀다.

의존적 욕구를 채워주면 정서적 안정감이 높아진다

과정보다 결과에 집착하고 인간관계에서도 하수의 위치에 있다면 어릴 때 채워지지 않은 의존적 욕구 때문이다. 자신을 알아주지 않는다고 속상해하며 자기 연민에 빠지거나 다른 사람을 원망하면 직장에서든 친구 관계에서든 대접받지 못하는 사람이 된다.

어떤 조건과 상황에 상관없이 소중한 사람, 사랑받는 아이임을 알려주고, 보여주고, 느끼게 하며 아이의 의존적 욕구를 채워주는 부모는 정서적 안정감을 탄탄하게 해주는 훌륭한 부모다. 아이는 보호와 사랑, 관심과 배려를 통해 받고 싶은 욕구를 충족하며 부모와의 유대감을 바탕으로 세상과의 교류에도 자신감이 있다. 설령 타인에게 인정받지 못하는 상황이 생기더라도 쉽게 흔들리고 상처받지 않는다.

아이의 정서적 의존 욕구를 채워주는 것은 어떤 물질적 투자도 뛰어넘는다. 지금 내 아이에게 채워주자. 거창하지도 않고 어렵지도 않다. 이런 표현이면 된다. 우리가 이미 알고 있는 말이다. 그 말을 입 밖으로 소리 내어, 그리고 아끼지 않고 전하는 것이다.

"네가 자랑스러워."

"너는 우리에게 축복이야."

"너를 있는 그대로 사랑한단다."

아이의 자아정체성은 평생 간다

- 이것이 형성되었다는 것은 자신의 성격, 취향, 가치관, 능력, 관심, 인간관, 세계관, 미래관 등에 비교적 명료한 이해를 하고 있으며, 그런 이해가 지속성과 통합성을 가지고 있는 상태를 말한다.
- 이것은 성인기 이전의 모든 경험으로부터 유래하며, 성인기의 과제를 해낼 수 있게 한다.

모든 부모의 육아 목표가 녹여져 있는 듯한 '이것'의 정체가 궁금하다. '성인기의 과제를 해낼 수 있게 한다'라는 매력적인 개념에 부모는 내 아이도 꼭 갖추도록 키워야겠다는 의지도 강해질 것이다. 그렇게만 키운다면 부모로서 성공적인 육아를 했다고 자신 있게 말할 수 있을 것 같다. 게다가 이것은 '성인기 이전의 모든 경험으로부터 유래'한다고 하니 아이가 어릴 때 부모가 노력한 만큼 효과도 높을 것이다.

이것의 정체는 무엇이고, 이것을 키워주기 위해 부모는 어떤 역할을 해야 할까. 아이의 취향, 가치관, 관심, 인간관 등에 대해 무엇을 어떻게 이해시키고, 지속성과 통합성을 가지게 할 수 있을까?

자아정체성, 자신을 믿는 사람

방탄소년단이 유엔에서 연설했을 때 BTS 팬클럽 ARMY가 아니었더라도 RM의 연설은 전 국민과 세계인이 감동하기에 충분했다. RM의 자신감, 당당함에 감동했으며 자신을 사랑하라는 연설 내용에는 깊은 울림이 있었기 때문이다. 이후 이 연설문은 학생들의 필독문이 되었고, 국내의 한 고등학교에서는 2학기 중간고사 시험 문제로 출제되기도 했다. 싱가포르 중·고교에서는 BTS의 '러브 유어셀프 Love Yourself'를 설명하면서 'Speak Yourself' 해볼 것을 권했다고도 한다. 네가 좋아하는 것, 가슴 뛰게 하는 것, 설레게 하는 것을 말해보라는 것이다.

여기에 '자신을 힘들게 하는 것, 그럴 때 극복하게 하는 것' 등을 추가하면 아이는 이 질문에 대한 답을 찾아가는 과정에서 '이것'을 제대로 정립해 나갈 수 있게 된다.

이제 이것의 윤곽이 드러난 것 같다. 이것은 다름 아닌 '자아정체성Ego Identity'이다. 자아정체성이란 '나는 누구인지' '무엇이 되고 싶은지' 등 자신을 제대로 파악하고 자신이 누구인가를 일관되게 인식하는 것이다.

자아정체성은 인간의 행동을 안내하고 관계를 유지하는 중심적인 힘으로 작용하기 때문에 어릴 때부터 잘 형성해야 하며 부모는 아이가 자신을 잘 이해할 수 있도록 성장 과정에서 적극적으로 도와주어야 한다.

아이가 자신을 알게 하는 부모의 역할

자아정체성 형성을 위해 부모가 해줄 중요한 역할은 아이가 자신에 대해 전반적인 이해를 하도록 돕는 일이다. 아이는 그 이해를 바탕으로 가치, 관심사 등을 탐구하고 경험을 통해 정체성을 형성해 간다. 또한 타인과 관계를 맺으면서 개성과 보편성을 발견하며 자아를 발전시켜 나간다.

자신을 제대로 파악하면 자신에 대한 믿음도 안정적이 된다. 반면 자신이 누구인지, 자신을 알지 못하고 불안정한 느낌이 든 채 성장하면 정체성 혼란과 역할 혼미로 이어질 수 있다. 청소년기나 성인이 되어서도 제 몫을 해내지 못하는 사람이 되는 것이다.

정체성에 대한 개념을 깊이 파고들면 정신분석학적 관점이나 철학적인 개념이 망라되어 어렵게 느껴질 수 있지만 쉽게 접근할 수 있다. 아이가 '자신을 제대로 아는 것'으로 시작하면 된다. 그 방법으로 앞에 언급한 RM의 연설 중에서 몇 가지를 응용해 봐도 좋다. 연설을 좀 더 살펴보자.

RM은 "내 이야기로 시작하겠다"라며 연설을 시작한다. 그리고 '나의 이름 - 내가 태어나고 자란 곳 - 나의 꿈 - 좌절과 장애물 - 실수를 하지만 그것도 나 - 나를 찾아가는 중요성 - 단점, 두려움을 가진 나 - 그런 나를 북돋우며 내 모습 그대로 사랑하는 것 - 내 이름을 찾고 내 정체성을 찾는 나'로 연설을 마친다.

내용을 간략히 살펴봐도 RM은 자신을 잘 아는 사람, 자아정체성 형성이 잘 된 면모를 보여준다. BTS가 성공할 수밖에 없는 이유까지 보인다. 내가 누구이고 무엇을 추구하고 있는지, 나의 단점과 실수도 나의 것이며 나의 정체성을 잃지 않고 나를 사랑하며 나아간다는 것이다.

내 아이도 RM처럼 정체성이 확고하게 키울 수 있다. '나를 알고 나의 이야기'를 할 수 있는 아이로 키우는 것이다.

'나'를 알고 안전감과 소속감을 느끼는 아이

자아정체성은 한 마디로 '나'를 아는 것이다. 그리고 나와 관련된 또 다른 나를 찾고 아는 것이다. 나와 관련된 것은 많다. 부모, 자신이 태어나 자란 곳, 나를 사랑하는 방법, 힘들 때 극복하는 방법 등이다. 이 중에서도 나와 부모, 태어나 자란 곳을 안다는 것은 '나는 유기적으로 연결된 존재'임을 인식하는 중요한 연결 고리다. 자신은 결코 하늘에서 뚝 떨어진 존재가 아니고, 혼자가 아니라는 것을 깨닫게 하는 것은 아이 인생 항로의 좌표를 갖게 한다. 길을 잃지 않게 하는 북극성 같은 존재가 아이에게 있음을 인식하게 하는 것이기도 하다.

아이가 독립된 인간으로 성장해서 오롯이 자신의 길을 가면서도 안전감과 안정감을 주는 부모라는 존재가 내 곁에 있다고 느끼는 건 큰 힘이 된다. 아이는 성장할수록 낯선 상황에 수없이 직면하고 적응해야 하며 외부 세계와 교류하면서 때로 자신의 의지대로 안 되는 경험도 할 것이다. 그럴 때마다 부모가 아이 곁에 항상 함께하지는 못하지만, 아이의 마음에는 존재해야 한다. 아이 정체성 확립에 중요한 요소다.

외롭고 힘들 때 자신은 가족과 유기적으로 연결된 존재라는 인식을 하는 아이와 아무도 없다고 생각하는 아이의 차이는 말이 필요 없다. 아이가 좌절의 순간에 떠올릴 사람이 있어야 섣부른 판단과 선택을 하지 않는다. 외롭고 소외된 존재가 아니라 자신은 소중한 가족의 일원이라는 자아정체성을 가진 아이는 어떤 상황에서도 안전감과 소속감을 느끼며 상황을 극복하는 강한 멘탈의 소유자가 된다.

"엄마와 아빠의 딸이어서 고마워."
"너의 엄마와 아빠라서 정말 행복해."

이 짧고도 흔한 표현에는 '나와 부모의 유기적인 연결감'과 '존재의 소중함' '사랑받는 존재임을 확인'시켜 주는 엄청난 의미가 담겨 있다. 아이에게 '너는 소중하고, 사랑받는 사람이며, 너에게는 사랑하는 엄마와 아빠, 가족이 있다는 것'을 자주 확인시켜 주어야 한다.

나의 모든 것을 긍정하는 통합 정체성을 가진 아이

RM 연설 내용 중 주목할 부분은 '어제 실수했어도 어제의 나도 나' '내일 조금 현명해져 있을지도 모를 나 역시 나'라는 철학적이고 시적인 이 부분이다. 자신의 실수도 받아들이는 자기 수용에 관한 내용으로, 실수를 인정하고 받아들이는 것은 때로 어려울 수 있지만, 이것 역시 자신의 한 부분이기 때문에 받아들여야 한다는 통합 정체성을 이야기하고 있다. 아이에게 자신의 실수를 받아들이고 긍정하는 통합 정체성을 갖게 하려면 다음과 같은 말을 들려주자.

"네가 실수했어도 엄마와 아빠는 여전히 너를 사랑해."
"실수했지만 그걸 통해 배운 네가 자랑스러워."
"실수를 통해서 배웠으니까 조금 더 현명해졌을 거야."

아이에게 이 말을 할 때는 아이가 '듣는 상황'에서, 부모의 마음을 '느끼도록' 해야 한다. 아이가 들을 수 있도록 아이 이름을 부르며 말해주자. '이름'은 아이의 '정체성'을 이루는 뿌리이며 부모가 불러주는 호칭 하나에도 긍정적인 자아정체성 형성 요소가 들어있기 때문이다.

긍정적인 자아정체성을 가진 아이는 잘했을 때의 나, 잘하지 못했을 때의 나도 받아들이는 통합된 자아를 형성한다. 통합된 자아를 형성하면 삶의 목표나 인간관계 등에서 위기가 왔을 때 대안을 모색할 수 있다. 이런 정체성을 형성하면 대인관계에 안정감이 있고 스트레스 저항력이 높아서 어려운 일을 당했을 때 회복 탄력성을 발휘한다. 자신의 모든 것을 긍정하는 통합 정체성을 가졌기 때문에 가능한 것이다.

반대로 아이를 함부로 부르거나 대하면 아이는 자신도 모르게 자신의 정체성을 부정적으로 형성한다. 정체성 혼돈과 역할 혼미에 빠질 수도 있다.

너를 사랑하는 방법이 있니?

"너를 사랑해야 해."
"가장 중요한 건 너 자신이야."

모든 부모는 아이에게 이런 말을 하지만 이 말은 부모의 메시지를 50%만 전달하는 말이다. 구체적인 방법인 '어떻게'가 빠져있기 때문이다. RM의 연설에 '러브 마이셀프Love Myself'가 나온다. 이것을 '나를 사랑하는 실천 방법'으로 확장해 보자. 자신을 사랑하는 구체적인 방법에 관해서 아이와 이야기를 나누는 것이다. 자기를 사랑하는 방법을 아는 아이는 힘들고 어려울 때 자신을 믿고 격려할 줄 아는 긍정성을 발휘한다.

실수하고 힘들 때, 끝까지 자신을 포기하지 않게 하려면 아이에게 자신을 진정으로 사랑하는 방법을 인지시켜 주어야 한다. 이런 질문으로 가능하다.

"너를 사랑하는 방법이 있니?"
"너는 속상하고 힘들 때 어떻게 해?"
"기분 나쁠 때 그 기분을 푸는 방법이 있니?"

아이라고 마냥 행복하고 아무 걱정이 없을 리 없다. 아이 나름으로 스트레스는 있기 마련이다. 그럴 때마다 부모의 질문을 통해 자신을 파악한 아이라면 자신이 왜 힘들고, 어떤 방법으로 그 상황을 헤쳐 나갈 수 있는지 생각하면서 자기 파괴가 아닌 건설적인 방법으로 문제를 해결해 나갈 것이다. 아이와 대화를 나누면서 부모가 힘들고 지칠 때 실천하는 방법을 아이의 언어로 다듬어 공유하는 것도 좋다.

"아빠는 그럴 때 밖으로 나가서 씩씩하게 걷는단다."

"햇빛을 보며 걸으면 세로토닌이 나와서 기분도 좋아지고 건강해진대."

"엄마는 숨을 깊이 들이마시고 길게 내쉬는 호흡을 하는 데 그러면 마음이 잔잔해지고 평화로워져."

나를 사랑하고, 사랑하는 방법을 실천하면 외부로부터 오는 고난과 역경에 침몰당하지 않는다. 통합된 자아정체성을 가졌기 때문이다.

아이의 자아정체성 형성은 전 인생을 좌우한다. 잘 형성된 자아정체성은 아이의 성장 과정마다 해낼 과제를 결국 해내게 한다. 아이가 어렸을 때부터 자신을 알게 하고, 사랑하는 부모가 있음을 알게 하며 자신을 사랑하는 방법과 힘들 때 극복하는 방법을 알도록 도와주자. 이 모든 것이 아이의 자아정체성 형성의 근간이 된다. 아이도, 시간도 기다려주지 않으니 지금 바로 시작하자.

아이가 자신을 알고 사랑하는 방법을 내면에서 끌어내도록 도와주는 부모. 아이의 평생을 좌우하는 자아정체성 형성에 중요한 역할을 해줄 수 있는 부모. 우리가 그런 소중하고 훌륭한 부모라서 뭉클해진다.

긍정적인 정서가
높은 아이로 키우자

"나는 육각형 인간이 아니라 삼각형도 어림없겠다."

"그거 다 부모 찬스잖아."

"우리 반 금수저 ○○는 좋겠다, 나는 뛰어봤자 벼룩ㅋ"

한 엄마가 아이와 친구가 나눈 문자 대화를 우연히 봤는데 평범하기 그지없는 자기 같은 부모는 아이 키우기 힘든 세상이라는 생각에 씁쓸했다고 한다. 이제 겨우 초등 저학년인 아이들이 벌써 자포자기를 배우는 것 같아 걱정스러웠고, 혹시 내 아이의 자존감 문제인가 싶어 상담을 신청한 것이다. 그런데 엄마는 상담을 마치면서 이렇게 말했다.

"육각형 인간이 이상한 트렌드라고만 욕할 필요 없네요. 우리 아이도 다 가지고 있는 것 같아요. 타고난 게 아니라 가꾸고 만들기 나름이라는 생각도 들어요."

왜 아니겠는가. 부모 하기에 따라 내 아이를 육각형이 아니라 더 많은 것도 갖추게 할 수 있다. '외모'부터 '집안'에 이르기까지 내 아이가 가진 것을 바탕으로 가꾸고 계발해 가도록 하면 된다.

내 아이 10살까지, 다각형 인간으로 만들어주자

언제부턴가 육각형 인간이라는 말이 자주 들린다. '외모, 성격, 학력, 직업, 자산, 집안' 등을 갖춘 완벽한 사람을 일컫는 말이라고 한다. 하지만 아이들 말대로 부모 찬스를 가졌거나 금수저를 물고 태어나지 않는 이상, 이런 조건을 다 갖춘 사람이 얼마나 되겠는가.

이런 용어를 대하면 아이를 키우는 부모로서는 미안한 마음이 생기면서 씁쓸해지기도 하는 게 사실이다. 하지만 걱정만 할 일은 아니다. 잘 살펴보면 내 아이가 못 갖출 게 하나도 없을 뿐 아니라 더 많은 것을 갖춘 다각형 인간으로 키울 수 있다.

아이의 기질을 살리고, 성장 단계에 따른 과업을 잘 이룰 수 있도록 도와주면 된다. 이런 성장을 기반으로 해서 아이는 자신의 외면과 내면을 가꾸어 다각형 인간이 될 수 있다. 꾸준히 자신을 가꾼 아이는 긍정적인 정서를 바탕으로 상황과 환경을 긍정적으로 해석한다. '외모, 성격, 학력, 직업, 자산, 집안'도 어떤 관점으로 보고 어떻게 해석하느냐에 달렸다.

우리가 이미 아는 것처럼 모든 것은 '타고나는 것' 이상으로 어릴 때부터 '가꾸고 만들어가는 것'이 중요하다. 외모뿐 아니라 모든 것이 가꾸기 나름이다. 육각형을 응용해서 내 아이 10살까지 다각형 인간으로 가꾸어주는 부모가 되자.

외모는 타고나는 것이 아니라 가꾸는 것이다

육각형 인간의 첫 번째 조건인 '외모'를 보자. 외모는 과연 '타고난 것'으로 '평생'을 가는 걸까? 잠시 생각해봐도 단연코 그렇지 않다는 답이 나올 것이다. 예를 들어 사회적 기준으로 볼 때 외모가 괜찮은 아이라 해도 구부정한 자세,

부정적인 표정과 말투, 자신 없는 걸음걸이의 소유자라면 어떨까.

외모는 가꾸기 나름이다. 가꾼다는 것은 외모를 치장하는 것이 아니라, 말 그대로 '잘 가꾸는 것'이다. 걸음걸이, 자세, 표정, 눈빛, 손짓 하나에 이르기까지 잘 가꿀 때 비로소 그 사람의 외모가 완성된다. 외모는 내면과 떼려야 뗄 수 없는 관계이며 내면 정서가 표출되므로 내면을 잘 가꾸는 것이 절대적으로 중요하다. 예로부터 이 관점은 동일했다.

일례로 5대 경전 중 하나인 《예기禮記》에 나오는 9가지 바른 몸가짐인 '구용九容'을 살펴보자.

발은 무겁게 하는 족용중足容重

손은 공손히 하는 수용공手容恭

눈동자는 흔들림 없게 하는 목용단目容端

필요하지 않을 때는 입을 다무는 구용지口容止

목소리는 가다듬는 성용정聲容靜

머리를 곧게 세우는 두용직頭容直

호흡을 조절하여 고르게 하는 기용숙氣容肅

서 있는 모습은 의젓하게 하는 입용덕立容德

얼굴빛은 단정하게 다듬는 색용장色容莊

어떤가. 외모에 대한 평가나 기준은 시대에 따라 변했어
도 그 본질적인 가치는 변함없다. 현재 부모가 아이에게 하
는 말도 구용에서 크게 벗어나지 않는다.

"바르게 앉아."
"그러다 거북목 되겠다. 고개 반듯하게 해."
"표정이 그게 뭐야."
"말하는 태도가 왜 그래?"
"말투가 정말 중요해."

자세, 태도, 표정이나 말투 등은 내면에서 우러나와 외면
으로 나타나는 것이다. 긍정적 정서와 정서적 안정감이 외
모에 미치는 영향이 그만큼 크다. 《논어論語》에 나오는 9가
지 생각인 '구사九思'는 학문과 지혜를 깊게 하는 것은 물론
내면이 외모에 미치는 영향이 얼마나 큰지 다시금 확인하
게 한다.

볼 때는 분명하고 밝게 볼 것을 생각하는 시사명視思明

들을 때는 총명할 것을 생각하는 총사청聽思聰

안색은 온화하게 할 것을 생각하는 색사온色思溫

몸가짐은 공손히 할 것을 생각하는 모사공貌思恭

말할 때는 진실하게 할 것을 생각하는 언사충言思忠

일할 때는 신중하게 할 것을 생각하는 사사경事思敬

의심나면 질문할 것을 생각하는 의사문疑思問

화나면 뒤탈이 있을 것을 생각해 이성으로 조절하는 분사난忿思難

재물을 보면 옳은가를 생각하는 견득사의見得思義

이렇게 구용과 구사를 갖춘 사람의 외모를 상상해 보자. 율곡 선생도 이를 항상 염두에 두고 실천했다고 한다. 그래서인지 율곡 선생의 얼굴에는 구사와 구용의 내면과 외모가 보이는 것 같다.

외면은 내면의 거울이듯 '구용'과 '구사'는 동전의 양면처럼 맞닿아 있다. 내면이 외면에 나타나고 마음속에 품은 감정과 정서가 외모에 나타난다. 내 아이의 마음가짐, 자세, 말할 때의 태도와 말투, 시선, 손짓 등을 잘 가꾸게 해서 내면은 물론 외모의 자신감을 올려주자.

성격은 자라면서 형성해 가는 것이다

'성격' 역시 타고나는 부분이 있지만, 양육 환경과 외부 조건에 따라 다듬어지며 평생 형성해 나간다. 타고난 성질이라는 말처럼 기질은 타고나지만 급한 성질, 까다로운 기질을 가진 아이도 차분히 기다려주고 격려하는 부모를 만나면 달라진다. 성격은 기질과 환경의 조화로 형성해 나가는 것이다.

타고난 기질을 무시할 수는 없지만 아이는 세상과의 교류를 통해 자기중심적인 성격대로 하면 안 되는 것을 배워나간다. 감정을 조절하고 행동을 통제하며 성격을 다듬어나가는 것이다. 목소리가 작고 자신감 없어 보이는 아이도 자신에 대해 긍정적인 마음을 갖도록 도와주고 내면의 힘을 길러주면 외유내강형의 유연하고 단단한 성격의 소유자가 된다.

내 아이의 성격은 어떤가. 어떤 면을 살려주고 보완해 줄 것인가. 아이는 부모의 가르침과 지지에 힘입어 긍정적 정서를 기반으로 자신의 성격을 다듬어 나갈 것이다.

아이에게 물려줄 '자산'과 '집안'

이제 자산과 집안에 관해 이야기해 보자. 아이를 키우면서 중요한 것 중 하나가 '정서적 돌봄'이다. 이는 '정서적 자산'을 채워주는 것이고, 긍정적 정서와 아울러 아이의 자부심과 가치감을 높여주는 일이다.

"그동안 저한테 투자한 거요? 그거 다 부모님 좋자고 한 거 아닌가요?"

유학에 사업 자금까지 지원해 준 부모가 자녀에게 이 말을 듣고 충격받아 상담을 요청한 사례가 이상하지 않은 세상이다. 정서적 지원이 바탕이 되지 않은 상태에서 이뤄진 물질적 지원은 모래성 쌓기처럼 부질없이 허물어진다.

어릴 때부터 부모의 정서적 돌봄을 받으면 정서적 자산이 풍요로운 사람으로 성장해 어떤 상황에서도 자신을 잘 돌보며 살아갈 수 있다. 정서적 자산은 사회적 기준이라기보다 아이가 느끼는 정서적 기준치가 절대적이라고 봐야 한다. 재벌가의 아이도 세계 재벌과 비교하며 자기 '집안'이 별것 아니라고 생각하면 천만금의 재산을 물려줘도 지키지 못한다.

내 아이의 정서적 자산은 부모의 정서적 돌봄을 기반으로 한 자신감, 자존감, 열정과 끈기 등이다. 이 책의 '근본 육아'를 바탕으로 멘탈이 강한 아이로 키우면 자산이 풍요로운 사람으로 성장할 것이다.

외모, 성격, 학력, 직업, 자산, 집안 중 부모와 아이가 함께 가꾸고 이뤄나가지 못할 부분은 없다. 긍정적 정서를 높인다면 아이는 자기 가치감을 알고, 최선을 다해 자신이 할 일을 해나간다. 설령 지금 공부에 흥미를 보이지 않고 성적이 우수하지 않더라도 다른 재능을 찾아 발휘할 것이며 학력學歷을 학력學力으로 풀어나갈 것이다. 진짜 학력은 '배움의 힘力'이라는 것을 알기 때문이다. 그러다 보면 자신이 원하는 좋은 '직업'이 무엇인지 가닥을 잡으며 성장해 나간다.

유아기부터 직업에 관한 대화를 한다고?

2023년 초·중등 진로 교육 현황조사는 놀라운 결과를 보여주었다. 중학생 41%가 희망 직업이 없다는 것이다. 그 이유가 '무엇을 좋아하고 잘하는지 몰라서' '내 강점과 약점을 몰라서'였다. 어린아이도 아닌 중고등학생이 자신이 뭘 좋아하고 잘하는지 모른다니 믿을 수 없지만, 흥미와 적성, 직업에 관해 부모와 대화를 나눈 경험의 수치가 낮게 나타난 것으로 보면 당연한 결과다.

부모와 시간을 가장 많이 보내는 유아기, 초등 저학년 때가 '직업'에 대한 대화를 나누기에 적기다. 어렸을 때부터 어떤 직업을 가질 것인지 묻자는 게 아니다. 유아기, 초등학교 저학년 시기에는 아이가 무엇을 좋아하는지, 왜 좋아하고 무엇을 잘하는지 물어보면 좋다는 것이다.

　　"너는 무엇을 좋아해?"
　　"어떤 거 할 때 재밌어?"
　　"왜 좋아해? 왜 재밌어?"

　아주 기본적이고 사소한 질문이지만 진학과 진로를 생각하게 하는 질문이다. 아이들의 꿈은 수시로 바뀐다. 그런 만큼 시기마다 자주 물어보자. 꿈이 자주 바뀌면 좋은 신호다. "꿈이 왜 그렇게 자주 바뀌니?"가 아니라 "어머, 그런 꿈도 생겼어?" "요즘은 그게 재밌어?" 하며 아이의 관심사에 호기심을 보이면 된다.

　아이 스스로 자신이 무엇을 잘하는지 파악할 것이라고 막연히 기다리지 말자. 뭘 좋아하는지, 왜 좋아하는지 묻는 말은 아이에게 생각할 기회를 준다. 사물을 대할 때, 공부할 때도 좀 더 주의를 기울이게 한다. 친구들의 꿈도 예사로 여기지 않는다. 운동선수, 연예인, 프로 게이머, 바둑 기사, 요리사, 크리에이터, 컴퓨터 공학자, 연구원 등 그 꿈을 자신의 것으로 가져오기도 한다.

아이의 지능, 집안과 재력이 아무리 좋아도 '되고 싶은 무엇'이 있어야 자신의 열정을 가동할 수 있다. 무엇을 잘하고 어떤 강점이 있는지 수시로 확인시켜 주는 부모가 아이의 직업관에도 도움을 주는 부모다. 직업에 대해 부모와 이야기 나누는 아이는 다가올 미래가 희망차다. 하고 싶은 일이 있다는 건 눈을 반짝거리게 해준다. 그러므로 아이와 함께 꼭 찾아보자.

성장 마인드셋이 있는 아이

트렌드나 세상의 잣대, 세태 탓만 해서는 아무 소용이 없다. 긍정적인 정서가 높은 아이는 세상의 잣대를 비판하더라도 불평만 하거나 자포자기하지 않는다. 부모와 친밀한 관계를 바탕으로 정체성을 형성하고 정서 지능이 높은 아이라면 끊임없는 배움을 통해 성장하는 '성장 마인드셋 Growth Mindset'을 갖추었기 때문이다.

부정적 정서가 높으면 힘들고 어려운 상황에서 세상의 잣대를 탓하고 못 할 핑계만 찾지만, 성장 마인드셋을 가진 긍정적인 정서의 아이는 자신이 할 수 있는 것으로부터 접근하며 성장의 기회로 삼는다.

예를 들어 외모에 대한 인식을 봐도 성장 마인드셋을 가진 아이는 '외모는 단순히 코 높이와 눈 크기가 아니라 내 자세, 표정이 중요해. 나의 듣는 태도, 말할 때의 나를 잘 돌아봐야겠구나'라는 태도로 외모를 인식하고 받아들인다. 내 아이가 이런 관점과 태도를 갖추도록 해주자. 아직 세상의 잣대에 끌려가기 전인 10살까지가 적기다. 이 시기에 '내부 작동모델'을 형성하고 세상을 바라보는 태도와 가치관을 형성해 가기 때문이다.

내 아이는 앞으로 다양한 트렌드와 새로운 가치관을 마주하며 살아갈 것이다. 하지만 어떤 세상이어도 긍정적인 정서가 높은 성장 마인드셋을 가진 아이라면 외면하거나 핑계만 대지 않고, 받아들일 것은 받아들이며 해낼 것은 결국 해내는 멋진 삶을 살 것이다. 부모와 함께 가꾸고 갖춘 능력이 내 아이의 삶을 그렇게 펼치게 할 것이다.

과정에 만족할 줄 아는 아이가
결국 해낸다

두 아이가 있다. 모두 나름으로 최선을 다했지만, 생각만큼 결과가 안 나왔다. 그런데 결과를 대하는 두 아이의 반응은 전혀 다르다.

: **아이 1** :

"내가 열심히 안 해서 그런 거지 뭐."

: **아이 2** :

"뭐가 문젠지 찾아서 다시 해볼 거야."

〈아이1〉은 겉으로는 자기반성을 하는 듯 말하지만 자기 비난이 강하다. 〈아이2〉는 결과를 인정하면서 다시 플랜을 짠다. 〈아이1〉은 자기 비하에 빠져 자기 부정에 그치지만 〈아이2〉는 문제를 해낼 가능성을 찾는 자기 긍정이 높다.

부모의 역할 중 하나는 아이에게 주어진 과업을 '해내게' 하는 일이다. 해낸다는 건 맡은 일, 목적한 바를 이뤄내는 것으로 다른 말로 하면 '성공'이라고 할 수 있다. 열심히 노력하고 도전하는 과정을 거쳐 목적한 바를 마침내 이루어 만족한 상태인 것이다. 하지만 매사에 좋은 결과만 있는 것은 아니다. 최선을 다했다고 반드시 최상의 결과가 나오는 것도 아니라는 것은 엄연한 사실이다. 한편 과정을 중시하고 과정에서 최선을 다하면 결과가 좋을 확률이 높다.

내 아이는 자신이 원한 만큼 결과가 안 나왔을 때 어떻게 받아들이는가. 자기 부정과 불만족을 내면화한다면 다시 플랜을 짜고 도전하는 데 두려움을 갖는다.

아이에게 '과정'의 중요성을 알려주고, '만족'을 느끼는 습관을 갖도록 도와주어야 결과를 대할 때도 자기 부정에 빠지지 않는다. 자기 긍정과 자기 부정의 갈림길에서 자기 긍정을 선택하도록 이끌어주는 방법을 알아보자.

과정을 소중히 여기는 아이가 결국은 해낸다

좋은 결과를 얻지 못했을 때를 대비해 부모는 평상시 아이가 좋은 결과에 너무 집착하지 않도록 도와주어야 한다. 만족스럽지 못한 결과가 있더라도 실망하고 좌절하지 않도록 도전 자체에 대한 격려와 노력하는 과정의 중요성을 알려주자. 원하는 결과가 안 나왔을 때 실패라는 자기 부정이 습관이 되기 전에 도와주어야 한다.

자기 부정을 하는 아이라도 부모에게 바라는 말은 이런 위로와 인정일 것이다.

"네가 열심히 준비했다는 걸 엄마와 아빠가 알아."

부모의 이 말에 "다른 아이들은 해냈잖아요" 한다면 위로가 더 필요하다는 신호이므로 다시 긍정의 말을 해주자.

"엄마와 아빠는 열심히 노력한 네가 자랑스러워."
"생각만큼 결과가 안 나올 수도 있어."
"열심히 한 것만으로도 대단히 훌륭한 일이야."
"(안아주며) 이만하면 잘한 거야."

결과를 내기까지의 과정은 길고, 비슷한 과정을 반복해야 하는 지루한 여정이다. 내 아이가 긍정적인 정서를 가져야 이런 과정을 견디고 즐기며 나아갈 수 있다. 부정적인 정서가 높으면 과정보다 결과에 주목하는 마음이 커서 잘하지 못할까 봐 두려워한다. 또는 해내지 못했을 때 자신을 실패자로 생각하는 경향이 있다. 그러다 보니 불안감과 공포 심리가 작동되어 가진 능력을 약화시키고 잠재력을 펼치기도 전에 스스로 날개를 꺾어 버린다.

긍정적인 정서를 가지면 원하는 일을 단번에 해내지 못하거나 자신이 원한 만큼 결과가 나오지 않더라도 자기 부정에 빠지지 않고 다시 도전해서 마침내 해낸다. 결과에 불만족하며 자기 부정을 하는 아이가 아니라 과정을 소중히 여기며 '만족하는' 아이가 결국은 해내는 것이다.

만족을 모르는 아이는 결국 무너진다

초등학생 엄마와의 상담 사례다.

요즘 들어 아이가 말을 안 한다고 한다. 얼마 전에 학원에서 진단 테스트를 했는데 상위 반으로 올라가지 못하게 되었다며 속상해하길래, "더 열심히 하면 되지 뭐"라고 했더니 "나는 바보야" 하곤 이후로 입을 다물어 버렸다는 것이다. 엄마는 이제 겨우 초등 3학년인 아이가 무슨 욕심으로 자신을 괴롭히는지 도대체 이유를 모르겠다고, 아이에게 압박감을 주지도 않았는데 왜 저러는지 답답하고 안타깝다고 한다. 아이가 자신을 들볶으며 만족을 모르고, 매사 불만족스러운 말만 하고 표정도 밝지 않으니 걱정인 것이다. 그런 모습을 보면 엄마 입에서는 "아직 어린 게 웬 욕심과 불만이…"라는 소리가 저절로 나온다고 한다.

타고나기를 만족하지 못하는 부정적 성향이 크다면 부모는 이를 내버려 둬서는 안 된다. 잘해야 한다는 강박이나 압박감, 실패하면 인정받지 못한다는 두려움은 과정에 대한 즐거움은커녕 도전 자체를 포기하게 하기 때문이다. 만족하지 못하고 끊임없이 걱정하면 행복할 수 없다. 그런 아이를 자세히 보면 도전 정신과는 다른 욕심일 경우가 많으며, 매사 불만족이면 표정이 밝지 않은 건 당연하다. 만족하지 못하고 부정적인 정서가 들어차 있는 아이는 칭찬도 믿지 못하고, 비판을 비난으로 받아들인다.

부모는 "우린 아이에게 그런 압박을 준 적 없어요. 아이가 욕심이 많고 완벽주의적 성향인 것 같아요"라고 말하겠지만 과연 압박하지 않았을까? 아이가 잘할 때만 칭찬한 건 아니었을까. 아이마다 달라서 부모가 채찍질하지 않아도 쫓기는 경우가 있고, 만족을 잘하는 긍정적인 아이도 있다. 부모가 압박하면 반항하며 안 하는 아이도 있고, 기분 나빠하면서도 보란 듯이 열심히 하는 아이도 있다. 아이 성향에 맞춰 격려하고 만족감을 느끼도록 긍정적인 정서를 높여주자.

만족할 줄 아는 긍정적 정서를 높여주어야 하는 이유

자신을 채찍질하는 아이에게 "왜 그래? 누가 너한테 뭐라 한 적 있어? 왜 너 자신을 못살게 구니?"라는 말은 도움이 안 된다. "너는 충분히 잘하고 있어"라는 말을 자주 해주어야 한다. 이런 유형은 스스로 세운 목표가 높으므로 부모의 이 말조차 긴가민가하며 믿지 않는다. 이런 아이에게는 결과가 좋을 때 그 성과를 칭찬하면 바로 독이 된다.

"역시 해냈구나. 우리 딸은 대단해."
"이런 성과를 내다니, 역시 우리 아들이야."

부정적인 정서의 아이가 이런 말을 듣는다면 '그러면 그렇지. 결과가 중요한 게 아니라고 했어도 역시 결과야'라는 확신으로 다시 부정적 정서에 휩싸일 수 있다. 그리고 좋은 결과를 내지 못하면 부모에게 온전히 사랑받지 못할 것이라고 잘못 해석한다. 이것이 내면화되면 부정적인 정서가 높은 아이는 지속해서 자신을 괴롭히며 자기 부정에 빠진다.

'내가 잘할 때만 나는 인정받고 사랑받을 수 있어.'
'결과가 좋지 않으면 나는 사랑받지 못할 거야.'

이렇게 버티고 애쓰다 한계를 느끼면 주저앉는다.

죽을 만큼 노력해도 안 되는 일, 기대에 못 미치는 결과는 성장하는 과정에서 빈번하게 생긴다. 그럴 때 힘들더라도 좌절하거나 포기하지 않고 다시 힘을 내어 도전할 수 있는 긍정적인 정서를 갖도록 도와주어야 한다. 과정에 만족할 줄 알아야 가능하다.

긍정적인 정서가 높으면 실패했을 때 힘들어할지언정 좌절하지 않고 다시 해보려고 노력한다. 자신을 너그럽게 대하는 마음, 자기만족을 느끼는 마음이 있어서다. 만족은 긍정적인 정서를 높이는 원천이다. 만족할 줄 모르는 불만족의 부정적 정서가 높으면 틈만 나면 자신을 의심하고 들볶는 성향이 강하다.

'거짓말, 이게 뭐가 잘한 거야?

'열심히 한다고 다음에 되겠어?'

아이를 움직이는 건 아이 자신이다. 아이가 자신을 주저
앉힌다면 누구도 일으킬 수 없다. 평소에 부모가 인풋과 아
웃풋은 비례한다는 식의 뉘앙스를 풍기지는 않았는지도 돌
아보자. "최선을 다한 건 알지만 다음에 좀 더 노력해 보자"
라는 말도 마찬가지다. 과정을 중요하게 여기는 말이 아니
라 노력 부족이었다는 뜻이 담겨 있지 않은가.

만족할 줄 아는 아이가 끝내 해낸다

어떤 일이든 결과는 있다. 그 결과에 만족하는 아이와 더
나은 결과만 좇느라 매번 불만족인 아이가 있다면 누가 장
차 '진짜 성공'할 수 있을까. 만족해야 성취감도 느끼고 성
취감을 느껴야 자신에 대한 믿음을 견고히 하며 다시 과정
에 돌입한다.

결과에 연연하며 탓하면 '안 될 핑계'를 찾지만, 자기만
족으로 재충전하면 '될 이유'를 찾는 낙관성을 발휘한다.
결과를 받아들이고 과정을 중요하게 여기며 만족한다면 다
시 도전하는 게 즐겁지 않을 리 없다. 부모는 괜찮다고, 그

럴 수 있다고 과정 자체에 대한 격려의 말을 자주 해주자. 이런 긍정의 말이 내면에 쌓이면 과정에 만족할 줄 아는 낙관적인 태도로 재도전할 것이다.

긍정적 정서가 높은 아이로 키우는 부모의 말을 연습해 보자. 결과에만 연연하지 않도록 과정을 칭찬해 주면서 결과를 받아들이는 자세도 알려주어야 한다. 때로는 구체적인 칭찬을 해주고, 때로는 엄지척 올려주는 칭찬으로 만족감을 느끼게 해주자.

"열심히 하더니 지난번보다 2개나 더 맞았네."
"(엄지척 올려주며) 이만하면 잘했어."

행복과 만족도에 영향을 미치는 다양한 요인들을 탐구하며 행복은 강도가 아니라 빈도라는 말로 유명한 미국의 심리학자 에드 디너Ed Diener 교수의 명언을 응용해 보는 것도 추천한다. 과정에 만족하는 것이 얼마나 중요한지 알려주는 말이다.

'기쁨은 활동 그 자체에서 찾아진다.'

육아의 궁극적인 목표는 아이의 건강한 성장과 만족하는 삶, 즉 행복이다. 요즘 같은 냉엄하고 혹독한 경쟁 사회에서 살아갈 아이들은 해보지 않은 새로운 일을 도전하는 것에 불안과 두려움을 느낄 수도 있다. 이때 부정적인 정서를 가진 아이는 잘해야 한다는 강박으로 해볼 엄두조차 못 내며 결과나 성취에만 목표를 두므로 늘 불안한 삶을 살게 된다. 그러니 과정에서 성취감을 얻고 자기만족을 할 줄 아는 아이로 키우자.

만족은 안주와 머무름이 아니라 또 다른 도전을 위한 쉼이고 재충전이다. 에너지를 충전한 아이는 과정을 즐기러 다시 나설 힘이 있다. 자기만족을 하는 정서 지능이 높은 아이가 결국은 해낸다.

부정적 자동사고가 굳어지기 전에
긍정적 자동사고 습관을 형성해 주자

"엄마, 나보고 못생겼대."

"나보고 땅콩이래. 작다고 맨날 땅콩이라고 놀려."

"누가 그래? 걔는 잘생겼대? 걔가 앞으로 그런 말 하면 너도 똑같이 돌려줘!"

"왜 맨날 당하고 징징거려! 당당하게 말하라고 했어, 안 했어? 엄마랑 연습도 했잖아!"

어디서 많이 들어본 듯한 대화이지 않은가. 그러면서 한

편, 내 아이가 만약 친구의 놀림을 받는다면 쿨하게 넘어가 거나 멋지게 대처할 수 있는 멘탈이 강한 아이라면 좋겠다 는 생각도 해본다. 그런데 현실의 내 아이는 "나만 싫어해. 나만 인기 없어"라며 징징거려서 못나 보이기까지 하니 문 제다. '저러니까 애들이 놀리지' 하면서도 요즘 아이들을 보 면 다들 오냐오냐 키워서 더 무서운 것 같다는 생각도 든다.

이런 현실을 생각할수록 부모는 '내 아이가 의연하고 당 당하면 얼마나 좋을까'라는 마음이 간절해진다. 더욱이 아 이가 부모로부터 물려받은 키, 체형, 지능 등에서 놀림을 받으면 걱정은 더 커진다.

'앞으로 쉽게 해결될 문제도 아닌데 어쩌지?'
'성격을 하루 이틀에 고칠 수도 없고.'

쿨한 반응은 아이의 '자동사고'에 달렸다

아이들 사이에 있을법한 놀림, 장난, 나쁜 말 등 외부 자 극에 쿨하게 반응하는 아이가 있지만 그렇지 않은 아이가 있다. 단지 아이의 '성격'이라고 단정 짓지 말고 아이가 외 부 자극을 어떻게 받아들이는가를 잘 살펴야 한다. 매사 부 정적이라면 외부 자극에 대해 어떻게 반응하는지 더 세심하게 관찰하고 도와주어야 한다. 이런 경우, 부정적 자동사고의 틀을 형성할 수 있기 때문이다.

어떤 상황이 생겼을 때 '자동으로 떠오르는 생각'이 자동사고이며 '긍정적인 자동사고'와 '부정적인 자동사고'가 있다. 용어에서 알 수 있듯 자신이 미처 의식하기도 전에 자동으로 떠오르는 생각이다. 외부 자극에 대해 부정적으로 왜곡되었을 때 자신도 모르는 사이에 자동으로 부정적이고 비합리적인 확신을 해서 매사 삐딱한 말투에 퉁명스럽고 표정은 어둡다.

부모는 아이가 부정적 자동사고 습관을 형성하기 전에 긍정적 자동사고를 하도록 생각 습관 형성을 도와주어야 한다. 모든 습관이 그러하듯 자동사고 습관 형성도 어릴 때가 적기다.

긍정적 자동사고 습관을 형성해 주는 방법

앞의 사례를 보며 어떻게 하면 긍정적 자동사고 형성에 도움을 줄 수 있을지 구체적으로 살펴보자.

: 외부 자극 :

누군가 아이에게 땅콩이라고 놀렸다.

: 반응 1 :

"왜 맨날 나를 놀리고 그래. 우리 엄마한테 이를 거야."

: 반응 2 :

"야, 너도 진짜 못생겼거든."

: 반응 3 :

'너는 그렇게 생각하는구나.'

〈반응1〉은 놀리는 상대가 원하는 반응으로 이런 반응을 보이면 계속 놀림당할 수 있다. 〈반응2〉는 당당한 듯 보이지만 이 또한 상대의 자극에 끌려가는 반응이다. 〈반응3〉은 자극에 대한 '아이의 생각'으로 이런 사고를 하면 "그래? 그렇구나"라는 멘트로 상황을 마무리하거나 무반응으로 '자극에 동의하지 않음'을 보여줄 것이다.

'같은 자극'에도 사고 프레임에 따라 '다른 반응'을 보인다. 친구들의 자극에 끌려가며 짜증낼 수 있지만, 생각에 따라 쿨한 반응을 보일 수 있다. 자극에 대한 반응은 내 아이의 생각에 달린 것이다.

- 외부 자극 : 누군가 아이에게 (작다, 바보다) 말했다.
- 아이 생각 : '나를 놀리는구나. 나를 미워하는구나.'

- 외부 자극 : 누군가 아이에게 (작다, 바보다) 말했다.
- 아이 생각 : '저 친구는 저렇게 말하는구나.'

같은 상황이지만 아이의 생각에 따라 다른 반응이 나올 것이다. 자신을 놀리고 미워한다고 생각하면 따지거나 주눅들 수 있다. 상대에게 휘말리거나 싸움도 하게 된다. 아이가 자기 감정의 주인이 되지 못하고 상대의 감정에 끌려가는 사고 습관 때문이다. 부정적인 사고 습관을 지니면 어떤 자극도 부정적으로 해석한다. "너 참 이쁘게 생겼구나"라는 말에도 미심쩍은 표정을 지으며 부정적 반응을 한다.

: **외부 자극** :

"너 참 이쁘게 생겼구나."

: **부정적 사고** :

'뭐? 내가 이쁘게 생겼다고? 진짜? 아닌 것 같은데.'

∶ 긍정적 사고 ∶

'어머, 감사하게도 내가 이쁘다고 말씀하시는구나.'

같은 외부 자극에도 생각에 따라 나오는 반응은 다를 수밖에 없다.

"(이쁘다는 말을 부정적으로 생각하면) 제가요?"
"(이쁘다는 말을 긍정적으로 생각하면) 감사합니다."

이런 반응은 단지 성격이나 겸손함 때문이 아니다. 외부 자극에 관한 생각이 반응으로 나타난 것이다. 이런 반복되는 반응이 자동사고 습관이 된다.

부모의 부정적 사고 습관이 아이에게 미러링 되지 않게

만약 내 아이의 자동사고가 부정적이어도 크게 걱정할 필요는 없다. 지금부터라도 '내가 싫어서, 내가 미워서 그런 게 아님'을 인식시키면 된다. 가장 좋은 방법은 아이의 생각을 바꿔주는 것이다. 세상은 못 바꿔도 관점은 바꿀 수 있는 것처럼 남의 생각을 바꾸려 하거나 휘둘리지 않고 아이가 생각의 주체가 되게 할 수 있다.

사실 이건 어른도 갖기 힘든 가치관인데 아이가 이런 습관, 이런 능력을 갖추게 될 수 있을까. 물론이다. 아이라서 가능하다. '생각도 습관'이라는 말처럼 삐딱하게 받아들이는 것도 습관, 쿨하게 반응하는 것도 습관이다. 두말할 필요 없이 습관은 어렸을 때 잘 들여야 한다.

생각 습관에 따라 불행하게 살 수 있고, 무난하게 조율하며 행복하게 살 수 있다. 어려서부터 긍정적 자동 습관을 형성한 아이는 남의 말에 쉽게 흔들리지 않으며 자신이 생각의 주인이 되는 강한 멘탈을 갖는다.

이제 아이의 부정적 자동사고 습관으로 나온 반응에 부모는 어떤 반응을 하는지 부모의 사고 습관을 살펴보자. 부모의 사고 습관은 아이에게 미러링 되기 때문에 일정 부분 대물림된다. 다음에서 부모 반응의 예를 보자.

"누가 그래? 걔는 잘생겼대? 걔가 앞으로 그런 말 하면 너도 똑같이 돌려줘!"
"왜 맨날 당하고 징징거려! 당당하게 말하라고 했어, 안 했어? 엄마랑 연습도 했잖아!"

어떤가. 아이의 긍정적 자동사고에 전혀 도움이 되지 않는 보복과 응징, 아이 감정에 대한 비난만 들어있으며 부모의 부정적 자동사고를 보여주는 것에 불과하다. 이런 부모는 아이가 보이는 일련의 행동에도 '그러면 그렇지' 등의 부정적 자동사고를 해서 부정적 반응을 보인다. 부모의 자동사고는 아이를 대하는 태도, 훈육의 효과, 육아의 전 영역에 직결될 만큼 비중이 크다. 그러므로 아이의 사고 습관을 긍정적으로 들여주려면 부모의 자동사고 습관부터 돌아봐야 한다.

상황은 바꾸지 못해도 생각은 바꿀 수 있다

생각에서 감정이 나오고, 생각은 상황을 바라보는 프레임이 된다. 생각은 바꿀 수 있지만, 감정을 바꾸기는 쉽지 않다. "생각 좀 바꿔"라는 말은 있어도 "감정 좀 바꿔"라는 말은 어색하다. 감정은 생각을 따라간다. 생각을 바꾸면 감정도 선택할 수 있다.

아이가 처한 상황은 바꿔주지 못해도 생각은 바꾸도록 할 수 있다. 억울한 일을 당하거나 부당한 말에 힘들어하는 아이에게 부모는 '생각을 바꿔주는' 말을 해야 한다. 그저 "그런 감정은 좋지 않으니 털어내라"라는 말은 겉치레의 위로일 뿐이다.

"왜 그렇게 생각해? 남의 생각에 끌려가지 마." → NO

"그 아이 입에서 나온 말은 그 아이 생각이야." → YES

외부 자극은 아이와 상관없이 일어나는 상황이다. 아이가 어찌할 수 없는 상황이고 부모 또한 어찌해줄 수 없다. 예고 없이 자주 발생하는 자극에 매번 끌려간다면 상처받는 일만 많다. 남이 상처를 주지 않아도 스스로 상처를 입히기도 한다. 아이가 가지고 있는 해석 습관, 부정적 자동사고 습관은 그만큼 중요하다.

내 아이는 어떤 자동적 사고를 하는지 살펴보고 부정적 자동사고 습관을 긍정적 자동사고 습관으로 대체해 주자. 어린아이에게 가르치기에는 고차원적인 것 같지만 아이의 사고는 유연해서 어른보다 훨씬 잘 받아들인다. 긍정적 자동사고 습관을 형성하면 '누구 때문에' '그런 일 때문에'라며 핑계를 대거나 힘들어하는 일이 줄어든다.

이미 상처받은 아이에게도 적용할 수 있다. 아이가 부정적 자동사고 습관이 되지 않게 하려면 비슷한 경험이 있을 때마다 반복해서 말함으로써 생각 프레임을 긍정적인 자동사고 습관으로 바꾸도록 도와주자.

"그건 그 아이 생각일 뿐이야."

생각의 폭은 회복 탄력성과 비례한다

멘탈이 강하고 회복 탄력성이 높은 아이는 '생각하는 게' 다르다. 생각하는 게 다르다는 것은 생각의 폭이 넓다는 뜻이다. 생각의 폭이 넓다는 것은 자기 세계에 갇혀 자기만의 관점으로 생각하는 것이 아니라 다른 관점에서 볼 수 있는 사고의 유연성도 있고 상황을 해석하는 틀도 넓다는 의미기도 하다. 그러면 '나 때문에, 쟤 때문에'라는 두 가지 측면의 편협함에 갇히지 않고 다양한 해석의 툴tool을 가동해 여러 가지 가능성을 열고 상황을 해석하므로 이런 사고가 가능해진다.

'내 문제가 아니라 쟤 기준에서 그런가 보구나.'
'저 아이 생각은 저렇구나.'

아이가 성실하고 제 할 일을 알아서 잘해도 의외의 상황이 닥칠 수 있다. 항상 칭찬만 들을 수도 없고, 억울한 일을 당할 때도 있기 마련이다. 100명이 있을 때 100명이 모두 내 아이를 좋아하지 않는다. 싫어하는 친구들도 있을 테고,

잘 알지도 못하면서 함부로 말하는 아이들도 있을 것이다. 그럴 때마다 상대를 일일이 설득하고 반박할 수는 없다. 내 아이가 어떤 경우라도 좌절하거나 절망하지 않고 멘탈이 강하려면 자동사고의 틀을 잘 형성해야 한다.

'생각의 주인'이 되는 사고의 틀을 만들어주자

어떤 상황이라도 '남'의 말이나 태도에 흔들리지 않고 자기 생각을 거치는, 즉 '나'를 거친다는 공식이 적용되면 원치 않는 일이 일어나도 나를 잃지 않는다. 예를 들어 억울하거나 속상한 일을 당하더라도 상대에게 무작정 끌려가지 않고 '나'를 거쳐 생각하면 이런 해석이 나올 수 있다.

'저 친구의 생각은 저렇구나. 하지만 내 생각에 나는…'

이게 생각의 주인이 되는 사고의 틀이다. 그러면 아이는 남의 감정에 일희일비하지 않으며 자신을 조종할 키를 남에게 넘겨주지 않는다. 내 아이가 '내 감정의 주인은 나'라는 슈퍼 능력을 갖출 수 있도록 부모가 긍정적 자동사고 습관을 들여주자.

아무리 아이를 사랑하고 보호해도 부모가 아이 주변의 모든 위험 요소와 부정적 상황을 제거해 줄 수 없다. 그러므로 부모는 아이가 생각의 주인이 되는 사고의 틀을 형성하는 데 도움을 주어야 한다. 부정적으로 생각하고 의심만 해서는 세상을 품고 나아갈 수 없다. 세상을 긍정적으로 바라봐야 자신 있게 날개를 펼칠 수 있다. 아이가 긍정적 사고의 틀을 형성하도록 도와주는 부모라면, 이로써 우리는 충분히 훌륭한 부모다.

자기 조절을
잘하는 아이

Intro 고통에 대한 대응능력, 세상을 살아가는 힘

살면서 겪고 싶지 않은 것들이 있다.

'상처, 미움, 오해, 시기, 왕따, 실패, 좌절…'

인생에서 결코 맞닥뜨리고 싶지 않지만 피할 수도 없고 비껴가지 않으며 생애에 걸쳐 반복적으로 겪게 되는 문제다. 심지어 이 고통스러운 경험들은 부모의 삶에서만 일어나는 것이 아니다.

어린 내 아이도 이런 문제에 맞닥뜨린다. 부모는 내 아이에게만은 이런 어려움이 비껴가길 바라지만 그런 삶은 애초에 존재하지 않는다는 것도 안다. 그래서 부모는 바란다.

'내 아이는 힘들고 어려운 일을 덜 겪었으면…'

하지만 부모는 이제 현실적인 바람을 가져야 한다.

'내 아이가 어떤 시련 앞에서도 좌절하지 않고 잘 극복하고 이겨내 앞으로 나아가는 능력을 갖추기를…'

부모라면 '시련과 고통'이 '독'이 아니라 성장하는 '약'이 된다는 것과 이를 극복하는 것이 세상을 살아가는 총체적인 능력임을 믿어

야 한다. 어렵고 힘든 고통스러운 일을 극복하는 능력이 얼마나 중요한지 연구 결과를 주목해 보자.

하버드대학교 의과대학 조지 베일런트George Vaillant 교수가 〈그랜트 스터디〉에서 밝힌 내용이다.

"견디는 능력이 삶에서 가장 중요하며, 행복은 피할 수 없는 난관에 맞서는 행동, 자기 삶을 온전히 받아들이는 태도에서 비롯된다."

연구에서 밝힌 결론은 이 책에서 강조하는 '멘탈이 강한 아이가 결국 해낸다'라는 것과 맥락을 같이 하며, 이 장에서 '조절력'을 다루는 이유이기도 하다. 흔히 실패와 상처라는 단어는 부정적 인식이 크다. 그러나 부정적 경험은 나쁜 경험으로 그치지 않는다. 주목할 부분은 실패와 상처가 아니라 '실패와 상처에 어떻게 대응하고 극복했는가?'다.

실패와 상처는 '위기'를 '기회'로 만들고 고통에 대한 대응능력을 높여주어 내면을 강하게 해준다. 반면에 잘 다루지 않으면 그저 실패와 상처로 남는다.

아이의 경우에 스스로 조절력을 발휘해 수많은 어려움을 극복해내기에는 역부족이다. 이런 조절력은 시기와 상황마다 부모의 적절한 도움을 받아 길러질 수 있다.

아이는 어린이집, 유치원, 학교에서 다양한 실패와 좌절, 상처를 받는다. 친구와의 관계, 학습, 하기 싫은 일에 맞닥뜨려 주저앉고 싶을 수도 있다. 힘들어서 피하고 싶고, 해야 하는데 하기 싫어서 책상에 엎드려 있거나, 이 기분이 뭔지 몰라 어쩔 줄 몰라 하며 당황하고 있을지도 모른다. 어린 내 아이도 이런 부정적 경험에 노출되어 있으며 지금 이 순간에도 미움, 오해, 질투, 시기, 다툼, 왕따, 실패, 좌절 등을 겪고 있다.

부모는 이런 모든 가정을 인지해야 한다. '내 아이만큼은 실패와 역경, 좌절 따위가 없는 삶'을 바라며 어떻게든 피하게 해주고 부모가 대신해 주며 애지중지 키우는 게 아니라 실패와 상처 등 부정적 감정과 상황을 어떻게 대하고 다루는지에 대해 알려주어 고통 대응능력을 길러주어야 하는 것이다.

가르침의 효과가 높은 최적의 시기인 10살까지 어렵고 힘든 상황 앞에서 회피하거나 쩔쩔매지 않고 대안을 모색하며 다시 일어서 나아가도록 알려주고 이끌어주자. 이때 필요한 힘이 '조절력'이다.

내 아이는 하기 싫은 일을 어떻게 대하는가. 어렵고 힘든 일은 회피하는가. 자신의 기분을 내세우고 핑계만 대는가. 하고 싶지 않지만 해야 할 일은 하려고 노력하는가. 열심히 했음에도 실패했을 때는 어떻게 하는가.

아이가 어렵고 힘든 일 앞에서 어떤 반응을 보이는지를 살펴보고 해낼 수 있도록 고통에 대한 대응능력과 조절력을 길러주어야 한다. 이 과정에서 부모는 격려도 하겠지만 훈육이 필요한 상황을 맞닥뜨렸을 때는 단호하게 아이를 가르치고 이끌어야 한다. 그런 수많은 반복을 거치며 마침내 아이는 해야 할 것을 스스로 해내는 조절력이 높은 아이, 그리고 멘탈이 강한 아이로 성장할 것이다.

지금부터 아이의 조절력을 높여주는 부모의 역할과 구체적인 솔루션을 알아본다. 아이보다 너무 앞서지 않고, 뒤에서 조종하지도 않으며 곁에서 구체적으로 도움을 주고 이끌어주는 방법이다. 화내지 않고 소리치지 않으며 부모의 감정을 조절해 내 아이의 조절력을 높이는 사례와 방법을 알고 근본 육아에 한 발 더 다가가 보자.

'무조건 사랑해'의 함정

"엄마, 이것 봐, 나 잘했지?"

아이가 그림을 보여주며 기대에 차서 묻는 말에 엄마는 기쁘게 대답한다.

"그래. 그런데 서진아, 엄마는 네가 잘하지 않아도 무조건 널 사랑해. 잘 못 그려도 괜찮아."

엄마의 말은 따뜻하고 친절했다. 그런데 아이는 뭔가 만족스럽지 않은지 엄마한테 다시 묻는다.

"아니, 엄마, 잘 봐. 나 잘했지? 잘 그렸지?"

이 대화를 살펴보면 엄마가 기쁘게 대답했는데도 아이는 "잘했지?" 하며 확인하는 질문을 했다. 아이가 원한 건 잘 못해도 괜찮다는 말이 아니라 '칭찬'이었던 것이다.

그런데 아이의 질문만 봐도 원하는 대답이 명확히 보이는데 엄마는 왜 아이가 원하는 대답을 바로 들려주지 않았을까? 엄마에게도 무언가 이유가 있을 것이다.

육아 이론보다 중요한 건 지금 아이가 바라는 칭찬

서진이가 듣고 싶은 말은 이 말이었다.

"어, 잘했네. 잘 그렸네! 멋진데? 최고야!"

그런데 서진이 엄마는 "그래. 그런데 서진아, 엄마는 네가 잘하지 않아도 무조건 널 사랑해. 잘 못 그려도 괜찮아"라는 대답을 했다. 서진이 엄마는 왜 마음 놓고 아이가 원하는 칭찬의 말을 하지 못했을까.

결론을 말하면, 육아에 관심이 많은 서진이 엄마는 '조건 없는 사랑으로 키워야 남의 평가에 흔들리지 않는 자존감 높은 아이로 자란다'는 육아 이론을 실천한 것이었다.

서진이 엄마의 이야기를 더 들어보자. 서진이 엄마는 아이가 자기애가 높은 건 아닌지 걱정되어 웬만하면 막연한 칭찬은 하지 않으려고 한다. 아이가 '최고' '잘' '1등'이라는 말에 집착할까 봐 걱정도 된다. 고학년으로 올라갈수록 사실적인 평가를 들을 텐데…. 그러면 아이가 타인의 평가에 좌우되며 자존감이 떨어지지 않을지 염려되는 것이다. 육아 이론에 따르면 다른 사람의 평가에 집착하는 자체가 자존감이 낮은 것이라고 했기 때문이다. 그래서 육아 이론에서 배운 내용에 따라 '네가 잘하지 않아도'를 자주 말해주며 '무조건 사랑'을 실천하는 중이다.

다른 육아 이론에서는 칭찬에도 독이 있으니 칭찬도 구체적으로 잘해야 자존감이 높아진다고 했다. 그러니 '자신이 최고'라며 근거 없는 자신감에 빠지거나 자기애에 빠지지 않도록 '최고, 제일'이라는 구체적이지 못한 칭찬을 최대한 자제하고 있다.

이뿐 아니다. 최근 엄마의 마음을 솔깃하게 하는 또 다른 육아 이론이 있다. '무조건적 사랑'이다. 사랑하는 아이가 잘했고 못 했다는 조건에 따라 조건적 사랑을 받는다는 건 말도 안 되기 때문이다. 이런저런 육아 이론을 종합해 봐도 결국 무조건적인 사랑이 자신감과 자존감을 높이는 솔루션이라 판단한 엄마는 아이에게 무조건적인 사랑을 표현하려고 노력하는 것이다.

이쯤 살펴보니 서진이 엄마가 마음 놓고 아이가 원하는 "잘했네" "멋지네" "최고야"라는 대답을 하지 못한 이유가 타당해 보인다. 그런데 부모가 놓치면 안 되는, 어떤 육아 이론보다 중요한 것이 있다. 그 무엇보다 아이가 원하는 칭찬과 사랑이 먼저여야 한다는 사실이다.

아이에게 초점을 맞추면 육아가 쉬워진다

요즘 부모들은 많은 육아 이론을 접하며 아이를 키운다. 그런데 '아는 게 병'이라는 말처럼 이론이 육아를 쉽게 하는 게 아니라 '육아를 더 힘들게 한다'고 하소연한다. 육아 이론으로 중무장한 똑똑한 부모일수록 아이에게 맘 놓고 칭찬하기도 어려운 것이다.

대체 어떻게 해야 내 아이를 자신감 높고, 자기를 사랑하되 자기애에 빠지지 않으며 남의 평가에 흔들리지 않는 진정한 자존감을 가진 아이로 키울 수 있을까.

아이에게 초점을 맞추면 된다. 아이가 원하는 칭찬에 자존감을 올릴 단서가 들어있다. 아이가 듣고 싶은 말은 그저

"잘했어!" "최고야"인데 "엄마와 아빠는 네가 잘하든 못하든 상관없이 무조건 너를 사랑한단다"라는 말을 한다면 아이의 기분은 어떨까. "잘했다"라는 말을 들으며 자기 효능감을 확인하고 싶은데, 부모는 "네가 잘하든 못하든 상관없다"라고 말하면 아이는 또 물을 것이다. 그러면 엄마는 또 동문서답하면서 아이가 자기애에 빠져 자존감이 낮아질까 걱정한다. 육아 이론이 육아를 더 힘들게 하는 경우다. 아이를 잘 키우고 쉬운 육아, 행복 육아를 하고 싶다면 아이에게 초점을 맞추자.

아이의 효능감을 올려주면 자존감이 올라간다

"잘했구나"라는 말을 듣고 싶은 아이에게 "잘하는 것과 상관없이 사랑한다"는 말은 확실히 어긋나 있다. 아이는 지금 조건 없는 사랑이 아니라 자신의 효능감을 인정받고, 확인받고 싶다. 자존감을 높여주려면 아이 스스로 '나는 잘하는구나'를 느끼게 하는 게 중요하다. '내가 잘했다는 것'을 확인받으면 효능감이 높아지기 때문이다.

효능감을 높여주려면 부모는 어떤 말을 해야 할까? 아이가 '묻는 말'에 '원하는 말'이 들어있다. 부모는 아이가 한 말, 부모에게 확인받고 싶어 한 말을 진심을 담아 '메아리처럼' 따라서 말해주면 된다.

> 아이 : 엄마, 이것 봐. 나 **잘했지**?
> 엄마 : 오~, **잘했네**.
> 아이 : 진짜 **최고 잘했지**?
> 엄마 : 응, **최고 잘했어**.

　상대가 원하는 사랑을 주는 게 진짜 사랑이다. 자존감 높은 아이로 키우려면 아이가 원하는 칭찬과 격려를 해주면 된다. 칭찬받고 싶어 할 때는 칭찬해 주자. 인정받고 싶어 할 때 인정해 주자. 잘했다고 칭찬해 주는 건 '네가 잘해서 우리는 너를 좋아한다'라는 조건부 사랑이 아니라 아이의 효능감을 높이는 사랑 표현법이다.

아이가 원하는 말로 자존감을 올려주자
　'부모가 하고 싶은 말'이 아무리 좋아도 '아이가 듣고 싶은 말'이 먼저다. 자존감의 기초를 단단하게 해주는 방법이기도 하다. 그러면 아이는 자신의 효능감을 확인하며 자존감을 튼튼하게 한다. 타인의 칭찬에 의존하지 않고 평가에 흔들리지 않는 자존감이 탄탄한 사람이 되는 것이다.

그렇다면 "결과와는 상관없이 엄마와 아빠는 너를 무조건 사랑해"라는 이 멋진 말은 언제 하면 좋을까. 아이가 부모의 무조건적 사랑을 느끼고 지지하는 느낌을 받을 수 있도록 '평소에' 해주자. 원하는 만큼 결과가 나오지 않아 힘들어할 때도 해주어야 한다.

"엄마와 아빠는 네가 최선을 다한 걸 알고 있어. 어떤 결과가 나왔든 네가 자랑스러워."

자신의 결과로 부모님이 실망할까 봐 걱정할 때도 바로 알아차리고 이 말을 해주어야 한다.

"너는 언제까지나 엄마와 아빠의 사랑하는 딸이야. 어떤 상황에서도 너를 사랑해."

부모는 조건 없는 사랑과 아이가 받고 싶은 사랑, 부모가 해주고 싶은 말과 아이가 듣고 싶은 말을 잘 구별해 상황에 알맞게 육아해야 한다. 이런 부모 안에서 자라는 아이는 사랑을 흠뻑 느끼고, 자존감을 높이며 내면이 단단하고 멘탈이 강한 아이로 성장하게 된다.

수용 능력은
아이의 그릇을 키운다

얼마 전 이슈가 되었던 기사의 내용을 간추려 소개한다.

새벽까지 공부하느라 늦잠을 잔 대학생 아들이 중간고사 시간에 20분 늦어 시험을 치르지 못했다. 그 후로 아들이 계속 우울해하자 엄마는 담당 교수 연락처를 물어보기 위해서 학교를 찾았다. 학과 사무실에서 개인정보라 알려줄 수 없다고 하자 엄마는 이를 받아들이지 못하고 중학교, 고등학교 때는 선생님께 개인 메신저로 연락하며 지냈는데 교수는 왜 다르냐고 항의했다.

문제는 학과 사무실에 있던 학생들이 이 사연을 퍼뜨리며 발생했다. 엄마는 "아들과 같은 수업을 듣는 학생들이 이 사실을 재학생 사이트에 올렸는데 아들이 나를 원망하며 '이제 학교에 못 가니 자퇴할 것'이라고 했다며 아이를 도와주려다 교수 한 명 때문에 이게 무슨 사달인지 모르겠다"라고 했다.

이 기사를 접한 이들은 "부모의 행동이 과했다" "그런 문제는 아이가 교수와 직접 해결하게 돼야지 대학생인데 학부모가 찾아가는 게 말이 되냐" "당신의 아이가 늦어서 시험을 못 봤을 뿐, 교수 때문에 사달이 난 게 아니다"라는 댓글을 올렸다. 대학생은 국가에서도 성인으로 인정하는 나이라는 네티즌의 반응도 있었다.

이 기사와 댓글을 보며 부모교육전문가로서 여러 가지 생각이 교차했다. 엄마의 자식 사랑이 지나친 것은 물론이고, 대학생 아들이 자신의 문제를 힘겨워할 뿐 현실을 받아들이고 해결하려는 의지가 턱없이 부족하다는 생각이 들었기 때문이다.

부모의 사랑에도 노하우가 있다

어떤 부모도 내 아이를 '어른아이'로 키우고 싶지 않을 것이다. 자기 앞가림을 잘하고, 문제가 생기면 해결하며 극복해 나가는 사람으로 키우고 싶다. 그러면 이쯤에서 부모의 사랑에 대해 생각해 봐야 한다. 문제를 맞닥뜨린 성인 자녀에게 무제한, 무경계의 사랑을 펼치다 사회적 이슈가 되고, 끝내 자식에게 원망을 듣는 부모의 사랑은 자녀에게 독이 될 뿐이다. 그런 부모라면 앞으로 평생 성인 자녀의 앞가림과 뒷바라지를 해야 할지도 모른다.

이 이슈를 교훈 삼아 '지금부터 내 아이에게 어릴 때부터 길러줄 것이 무엇인가'를 생각해 봐야 한다. 아이가 성인이 되어서는 가르쳐 줄 수 없다. 그땐 이미 늦다. 부모가 일일이 뛰어다니며 아이의 앞가림과 뒷수습을 해주는 것이 습관화되었기 때문이다.

기사 속 부모가 남 얘기가 아닐 수 있다. 다 큰 자녀를 따라다니며 문제를 해결해 주다 자녀에게 원망듣는 부모가 되지 않으려면 아이가 문제를 받아들이고, 문제를 해결할 수 있는 능력을 '어려서부터' 키워주어야 한다. 그게 성장 발달에 따른 사랑의 노하우다.

받아들이지 않는 아이는 거부당한다

요즘 아이들은 첫돌이 되기도 전에 문화센터, 어린이집, 유치원, 학교에서 공동체 생활을 하며 다양한 상황을 접한다. 하기 싫은 것, 못 하는 것도 마주칠 것이다. 그럴 때마다 '내 마음에 안 들어. 그러니까 내 마음대로 할 거야' 하며 그 상황을 받아들이지 않는다면 아이도 다른 사람, 다른 대상에게 받아들여지지 못한다. 이런 아이는 또래에게 거부당하고 친구 사귀기 어려우며 지도하는 선생님도 힘들게 한다. 자신이 받아들이지 못하는 만큼 아이도 거부당할 수 있다. 이상한 아이로 여겨져 배척당하기도 한다.

아이가 받아들여야 하는 상황은 너무도 많다. 유치원에서도 계속 놀고 싶지만, 놀이를 끝내고 모여야 하는 시간을 받아들여야 한다. 혼자 장난감을 독차지하며 놀고 싶지만, 친구와 나눠 놀아야 하는 것도 받아들여야 한다. 수업 시간에 딴짓하고 싶어도 수업을 방해하지 않기 위해서는 자리에 앉아 수업 시간을 견뎌내는 것도 받아들여야 한다. 이 모든 것은 '상황을 받아들이는 수용 능력'이 있을 때 가능하다.

내 아이의 수용 능력은 어떠한가. 자신이 하고 싶지 않은 일은 어떻게 받아들이는가. 자기 마음대로 하는 게 자존감 높은 것이라고 오해하고 있지는 않은가. 자기 마음대로 안 되었을 때 상황을 받아들이고 대안을 모색하는 편인가, 회피하는가.

혹시 "네 감정은 소중하니까 네 맘대로 하렴" 식으로 양육했다면 이렇게 전해졌을 수도 있다.

'네 마음에 안 들면 안 해도 된단다.'

내 아이 10살까지 키워주어야 할 '받아들임' 즉, 수용 능력의 중요성을 확인하기 위해 앞에 언급한 기사를 대입해 자문자답해 보는 것도 도움이 될 것이다.

'내 아이가 실수로 불이익을 받는 일이 생겼을 때 그 상황을 어떻게 받아들일까? 절망하여 방문을 걸어 잠글까? 아니면 대안을 모색할까?'

이상적인 답은 상황을 받아들이고 대안을 모색하는 모습일 것이다. 아이는 부모의 생각보다 빨리 자란다. 힘들더라도 그 상황을 받아들이고 극복해 나가길 원한다면 아이가 더 자라기 전에 받아들이는 능력, 그릇의 크기를 키워주자.

수용, 받아들임의 엄청난 의미

초등학생 학부모님 대상으로 강연하러 가면 강연 전에 선생님들과 티타임을 가질 때가 있다. 그럴 때 교실 풍경을 들을 수 있는데 아이들의 '받아들임'에 대한 여러 가지 태도가 있어 인상 깊었다.

자신의 마음에 안 들 때 '나한테 이러다니…'라며 받아들이지 못하는 아이. 뭔가 지적하면 억울한 듯이 책상에 엎드리는 아이. 심지어 선생님이 이유를 설명해도 받아들이지 못하고 그 시간 내내 엎드려 있는 일도 있다고 한다. 마치 '엄마와 아빠한테도 혼나지 않았는데 선생님이 뭔데?' 하는 식이란다. 수업 시간에 활동을 거부하는 경우도 있는데 이유는 '하고 싶지 않아서' '잘하지 못해서'다. 하기 싫으면 안 해도 된다는 것을 마치 자기 주도적 결정이라고 믿는 아이도 있단다.

만약 내 아이가 자신의 마음에 들지 않을 때 받아들이지 못하고 거부하는 경우라면 확실하게 이해시키고 바로 잡아주어야 한다.

"그건 네가 선택하거나 결정해야 하는 일이 아니야."
"규칙으로 정해져 있는 것은 따라야 하는 거야."

아이에게 수용 능력을 키워주는 방법

내 아이에게 수용 능력을 키워주기 위해 다음 3단계에 따라 차근차근 구체적으로 알려주자.

: 1단계 : 가르치기 전에 이유를 먼저 들어본다

'뻔하지, 하기 싫으니까 그랬겠지'라는 선입견은 내려놓고 '이유가 있을 거야'라는 마음으로 대하며 묻는다. 진심으로 물어야 진심을 담은 대답을 들을 수 있다.

"무슨 일이 있었는지 엄마한테 말해줄래?"

: 2단계 : 아이의 말에 공감한다

아이의 마음을 받아주는 공감의 말을 해준다. 이 부분에서 헷갈리면 안 된다. '(잘못된)행동'에 공감하는 게 아니라 '마음'에 공감한다는 의미다.

: 3단계 : 아이가 한 말을 정리해서 다시 들려준다

아이는 자신이 안 한 이유를 부모에게서 다시 들으며 상황을 '객관적으로 떠올릴' 수 있다.

"네가 잘 못 하는 거라 하기 싫어서 그랬다는 거지?"

3단계의 과정을 거쳤다면 다음으로는 부모가 확실하게 가르치는 말을 해야 한다.

"네가 잘하지 못하더라도 네가 할 수 있는 만큼은 해야 하는 거야. 잘하지 않아도 열심히 하는 태도가 중요해."

만약 교과목에 대한 문제라면 아이가 좋아하거나 잘하는 과목을 확인시켜 주는 것도 좋다.

"모든 과목을 잘하기는 어려워. 너는 체육을 정말 잘하잖아. 노래도 잘 부르고, 율동도 진짜 잘하고…"

이런 대화를 하다 보면 아이가 힘들어하는 과목도 알 수 있고, 보충할 방법도 의논해서 도움을 줄 수 있다. 하지만 부모가 다음과 같이 말한다면 어떤 것도 가르칠 수 없다.

1 | 아이를 무조건 비난하고 공격하는 말

"네가 아기야? 하고 싶은 대로만 하게? 못하면 안 해도 돼? 그런 게 어딨어? 하기 싫어도 수업 시간에 선생님이 시키는 건 해야지. 하기 싫다고 엎드려 있으면 누가 대신해 줘? 그리고 다른 애들은

다 하는데 너는 왜 못하는데? 너, 유치원생 아니야. 초등학생이라
고!"

2 │ 가르치지 않고 공감으로만 끝내는 경우

부드러운 말로 타이르거나, 공감으로만 끝내거나, 아이
의 판단에 맡기는 식으로 말하면 아이는 수용 능력을 배우
지 못한다.

"그랬구나. 그런 이유가 있었구나. 그래서 안 했다면 엄마도 이
해해."

'이유가 있었을 거야'라는 마음으로 물은 건 아이의 마음
을 열게 해서 제대로 가르치기 위한 것이지, 옳지 못한 행
동을 이해하고 알아주기 위한 것이 아니다. 이 차이를 알고
단계를 잘 거쳐서 가르쳐야 아이는 상황을 받아들이고, 잘
하지 못해도 할 수 있는 만큼은 해낸다. 최선을 다한다는
건 그런 의미다. 최고, 최상의 효과를 내는 게 최선이 아니
다. 자신이 할 수 있는 만큼 열심히 하는 게 최선이라는 것
을 아이는 배워야 하는 것이다.

자기 맘대로만 할 수 없다는 것을 받아들이면 최선도 발

휘한다. 잘하는 것에 최선을 다하기는 쉬워도, 못하고 하기 싫은 것에 최선을 다하기는 어렵다. 이럴 때 필요한 것이 상황을 받아들이고, 자신을 이해시켜 할 수 있는 최선을 다하는 것이다. 아이에게 이렇게 말해주자.

"잘하지 못해도 할 수 있는 만큼 한다는 게 중요해"

자신을 이해시키는 멘탈이 강한 아이

'하고 싶으면 하고, 하기 싫으면 안 한다.'

이 얼마나 간단한가. 하지만 그런 삶은 없다. 아이들의 삶이라고 해도 이렇게 간단하지 않다. 원하지 않아도 자신이 해야 할 일이면 상황을 받아들이고 해내야 한다. "이럴 수 없어" "하기 싫으니까 안 할 거야"라고 거부한다면 세상도 아이에게 녹록지 않음을 보여줄 것이다. 아이의 삶이 진취적이고 의연해지려면 '받아들임' 없이는 안된다. 기쁨, 행복 따위만 받아들이는 것이 아니다. 그 반대되는, 받아들일 수 없는 상황을 받아들이는 태도가 중요하다.

이해하기 어려운 상황도 자신에게 이해시키며 해결해

나가도록 도와주어야 그릇이 큰 아이로 성장한다. '다른 사람의 말이나 행동, 형편을 잘 알아서 긍정하고 이해한다'라는 납득의 의미는 받아들임, 즉 수용의 가치를 잘 표현하고 있다.

문제는 이해할 수 없는 일도 받아들여야 할 때의 태도다. 억울한 일, 힘든 일, 못하는 일, 하기 싫은 일 등의 상황은 아이 앞에 언제든 나타날 수 있다. 그럴 때마다 받아들이지 못하고 회피하면 부적응자가 된다. 어떤 것도 일단은 받아들이고, 해보고, 안 되면 다시 수습해서 도전하는 과정이 쌓이면서 멘탈이 강해지고 해낼 능력도 향상된다.

수용 능력은 '받아들이는 속도'도 포함한다. 상황을 빨리 받아들일수록 그다음 조치도 신속해지기 때문이다. 하지만 이렇게 다그치라는 말은 아니다.

"이미 지난 일을 가지고 왜 그래? 받아들여야지"
"지난 일을 돌이킬 수는 없잖아? 엄마도 해결해줄 수 없는 일이야. 얼른 잊어버리고 현실을 받아들여"

만약 아이가 자기 잘못과 실수를 받아들이지 못하고 힘

들어한다면 그 일을 객관적으로 파악하도록 도와주고, 대안을 함께 모색해주자.

"무슨 일이 있었는지 말해줄래?"
"정말 안타깝구나. 해결할 방법을 생각해 보았니?"
"엄마와 아빠가 도와줄 일 있을까?"

아이를 절망에 빠지지 않게 하기 위해서는

수용 능력이 있으면 대체와 절충, 보완과 변경의 유연함이 생기고 그 과정에서 내면의 단단함을 키우며 또 다른 기회도 잡을 수 있다. 받아들인다는 것은 소극적인 자세가 아니라 이런 적극적인 대안 모색을 전제로 한다. 수용 능력이 있으면 '하늘이 무너져도 솟아날 구멍'이 있지만 수용하지 못하면 그 일에 절망만 하고 상심에서 헤어 나오기 어렵다.

위기가 배움의 기회가 되게 하는 성장 마인드셋 또한 받아들이는가, 그렇지 않은가에 달렸다. 아이가 받아들이지 못하고 회피할 때마다 부모가 나서면 중·고등학생은 물론 대학생이 되어서까지 부모가 대신 나서야 한다. 아이가 힘들어하는 것을 지켜보기가 괴로워서, 상처받을까 걱정되어서 부모가 대신 나서는 순간, 아이의 인생을 어지럽힌다.

아이가 절망할까 봐 걱정되어 해결해 주는 부모가 장차 아이를 절망에 빠뜨리는 것이다.

진주는 조개의 상처로부터 시작되었고, 꽃망울을 터뜨리기 위해서는 꽃샘추위를 견뎌야 한다. 아름답고 강인하며 유연한 성장에는 고통과 아픔이 따른다. 이런 성장통을 '받아들임'으로써 성장할 수 있는 것이다.

수용 능력은 '시련'을 상심과 절망이 아니라 성장할 수 있는 '연습'의 기회로 만든다. '위기'를 '기회'로 만드는 아이는 세상을 넓게 품는 수용 능력을 발휘해 삶을 더 멋지게 펼칠 것이다.

아이가 욕구에 지배당하기 전에
좋은 습관을 들여주자

• 부모가 아이를 키우며 가장 '많이 하는 말'은 무엇일까?
• 부모가 아이를 키우며 가장 '힘들어하는 것'은 무엇일까?

이 질문은 육아의 '비법 중 비법'을 관통하며, 이 질문에 대한 답은 육아의 어떤 어려운 관문도 통과할 마스터키라고 해도 과언이 아닐 것이다.

"제발 말 좀 들어!"
"왜 그렇게 말을 안 듣니?"

이 말을 안 하고 아이를 키울 수 있다면 육아가 얼마나 쉬울까. 부모는 '말'로 아이를 키워야 하는데 "말 좀 들어"라는 말을 줄인다면 아이와 부모 모두 행복할 것이다. 방법이 왜 없겠는가. 우리는 불필요한 말을 줄이고, 윽박지르는 말도 안 하고, 잘 말할 수 있다. 지금부터 '부모의 말로 키우는 육아'를 실천해 보자. 특히 육아의 고난도 관문인 '아이의 조절력'을 키워주어야 할 때 유효적절한 부모의 말을 알고 제대로 사용한다면 육아의 어떤 부분도 거뜬히 해낼 수 있다.

'부모의 말'로 아이를 키운다

우리는 부모의 말을 '부모 말씀'이라고 표현하는 데 주저하지 않는다. 부모 말의 콘텐츠는 아이를 잘 키우려는 부모의 진심이 녹여져 있으며 '부모 말을 들으면 자다가도 떡이 생긴다'라는 말처럼 늘 유익하고 옳다. 특히 아이의 평생을 좌우할 좋은 습관을 들이기 위해 부모는 부단히 노력하는 '말'을 한다. 아이는 부모의 말 한 번에 변하지 않지만 부모는 포기하지 않는다. 좋은 습관은 하루아침에 들여지지 않으므로 반복해서 가르쳐야 하기 때문이다. 하지만 아이가 계속 말을 안 들으면 부모도 모르게 이런 말이 나온다.

"몇 번을 말해야 알아들어?"

"엄마 말이 말 같지 않아?"

천만에다. 부모의 말이 말 같지 않다니. 부모 말은 '말씀'
이다. 그런데 아이는 왜 자신에게 이로운 부모 말씀을 듣지
않는 걸까. '아이가 하기 싫으니까 듣지 않는 것'이라는 생
각은 일정 부분 맞다. 그런데 '뇌과학적'으로 제대로 알면
아이를 다그치지 않고도 좋은 습관을 들여주려는 부모의
말을 잘 전달할 수 있다. 불필요하고 의미 없으며 저항만
불러일으키는 말도 하지 않게 된다.

좋은 습관 들여주고 싶은 이성 뇌의 부모 vs
감정 뇌로 거부하는 아이

양치 습관, 식사 습관, 취침과 기상 습관, 스스로 하는 습
관, 자기주도학습 습관에 이르기까지 아이가 어려서부터
들일 습관은 많다. 습관 형성은 3살부터가 적절한 시기이
며 세 살 적 버릇이 여든까지 간다는 것을 잘 아는 부모는
이때부터 아이의 습관 들이기에 전심전력한다.

뇌과학적으로도 증명되었듯 이 시기는 시냅스의 연결
이 잘되는 시기이기 때문에 좋은 습관의 시냅스를 연결해

줄 적기다. 문제는 아이의 뇌 발달 순서다. 출생에서 3살까지 신경망이 제일 많이 형성되는 부분이 '감정 뇌'인데 비해 '이성 뇌'는 3살부터 발달하기 시작한다. 아이의 감정 뇌는 100% 완성된 데 반해 욕구를 조절하는 이성 뇌는 이제 걸음마기인 것이다.

아이는 당연히 욕구대로만 하려 하고, 부모는 이제 발달을 시작한 아이의 이성 뇌에 노크하며 '좋은 습관과 루틴'을 형성하도록 애써야 한다. 하지만 아이의 감정 뇌 저항이 만만치 않다. 감정 뇌는 하고 싶은 대로 하라고 아이를 부추기고, 아이는 "안 할 거야!"라고 외치기 때문이다. 이때부터 미운 세 살과의 '육아 전쟁'이 시작된다.

부모의 감정적인 말은 아이의 감정 뇌만 자극한다

뇌 발달상 아이는 '감정 뇌'가 가동되지만, 부모는 '이성 뇌'에서 나오는 말을 할 수 있다. 부모가 감정을 조절하고 이성적으로 말해야 한다는 건 단순히 화를 내면 안 된다는 뜻이 아니다. 아이가 부모 말을 듣게 하려면 아이의 뇌 발달을 이해하고 그것에 맞게 말해야 아이가 잘 들을 수 있다는 것이다. 그야말로 '부모의 이성 뇌'와 '아이의 감정 뇌' 전쟁이다. 좋은 습관과 루틴을 형성해 주기 위해 육아 전쟁이라는 표현도 서슴없이 사용하며 전쟁을 시작했다면 부모는 아이의 욕구에 지면 안 된다. 그러면 내 아이는 욕구대로 하는 나쁜 습관과 루틴에 지배당하게 된다.

상대를 알고 나를 알면 100번을 싸워도 100번 승리한다는 '지피지기 백전백승'처럼 아이의 뇌 발달(상대)을 알았으니 좋은 습관 들이기라는 육아 전쟁에서 승리할 준비가 제대로 된 셈이다. 이제 아이의 뇌 발달에 맞춰 부모 말을 적용하면 된다. 아이의 좋은 습관 형성과 이성 뇌를 발달시키는 승승Win-Win 전략이기도 하다.

육아의 승승, 부모 말하기의 원칙

부모의 말은 육아의 전반에 적용되므로 만능 육아 원칙이라 할 만하다. 지금부터 살펴보는 부모 말은 습관, 훈육 등 현실 육아 전반에 적용되므로 이 원칙을 지켜 말한다면 부모와 아이 모두 상생할 것이다.

∶ 거짓말하지 않기 ∶

부모의 말은 '참말'이어야 한다. 아이는 부모 말에 대한 신뢰가 있어야 듣는다. 아이에게 '에이, 엄마는 또 거짓말!'이라는 생각이 들면 점점 더 말을 듣지 않을 것이다.

"앞으로 너를 다시는 데려오나 봐라." → NO

"지금 안 먹으면 앞으로 밥 안 줄 거야." → NO

"지금 점심 안 먹으면 저녁때까지 먹을 수 없어." → YES

: 약속 지키기 :

부모는 아이에게 말(약속)했으면 지켜야 한다. 약속을 지키지 못할 변수가 생겼다면 설명하고 양해를 구한다. 만약에 아이가 약속을 안 지키거나 떼 부릴 때 "이따가 집에 가서 보자"라고 했다면 집에 돌아와서 그 말에 대한 약속도 지켜야 한다. 훈육은 '그 자리에서 해야' 효과적이지만, 훈육하기에 마땅한 상황이 아니어서 '이따가 집에 가서'로 미뤘다면 부모는 그 말에 책임을 지자. 그러면 아이에게 이런 패턴이 형성되며 부모의 말에 신뢰가 높아진다.

'엄마는 한다면 그 말대로 하는 분이야.'
'우리 아빠는 말하면 그 약속을 꼭 지켜.'

: 무의미한 질문하지 않기 :

아이의 대답을 듣기 위한 질문이 아니라면 질문하지 말고 부모가 하려는 말을 정확하게 한다.

하기 싫다고 하는 아이에게

"싫어? 왜 싫어?" → NO

"싫어도 해야 해." → YES

: 저항감 들지 않게 말하기 :

아이가 잘못한 행동을 '비꼬듯이' 말하면 가르침의 말로 들리지 않고, 저항감만 들 뿐이다. 아이에게 수치심이나 기타 감정이 들지 않게 부모가 가르치고 싶은 말을 정확하게 하는 것이 좋다.

걷다가 넘어질 뻔한 아이에게

"앞 좀 제대로 봐. 눈은 어디에 둔 거야?" → NO

"잘 보고 걷자." → YES

양치하고 나온 아이에게

"칫솔만 입에 물고 있었던 거 아니지?" → NO

"양치했구나. 이가 반짝반짝 깨끗하네!" → YES

: 대화 중에 다그치며 확인하지 않기 :

아이가 대화 중에 부모 말을 잘 듣게 하려면 평소에 부모가 경청하는 모습의 본보기가 되어야 한다. 아이는 부모를 보면서 배우기 때문이다. 만약에 아이가 잘 안 듣고 있더라도 다그치지 말고 'as if 기법'처럼 듣고 있다고 생각하고 말한다.

"엄마 말 듣고 있는 거야? 듣는 태도가 그게 뭐야?" → NO

"듣고 있는 건 알겠는데, 듣는다는 표시를 해주면 더 좋겠구나." → YES

: 돌려 말하지 않기 :

직설적 표현이 강한 것 같아서 돌려 말하면 아이에게 제대로 전달되지 않는다. 특히 지시하거나 해야 할 일을 말할 때는 직설적으로 말해야 확실히 전달된다.

"늦게 자면 내일 아침에 늦게 일어날 게 뻔하잖아." → NO

"잠이 안 와도 침대에는 눕자." → YES

: 겁주는 말 하지 않기 :

아이가 겁에 질리게 하는 말을 하면 아이는 부모의 말에 집중하지 못하고 두려움, 걱정, 불안에 사로잡힌다.

"이제 네 엄마 안 할 거야." → NO

"네가 ○○ 하면 엄마는 힘들어." → YES

: 거부감 드는 말 하지 않기 :

지나친 비약의 말, 아이 기준에서 이해할 수 없는 말을 할 때 거부감이 든다. 거부감이 들면 부모의 말을 온전히 받아들이기 어렵다.

먹기 싫어하는 아이에게

"아프리카 애들은 먹을 게 없어 굶어 죽고 있는데 너는…" → NO

"(낯선 음식을 거부할 때 조금이라도 시도하게 하고 싶다면)아주 조금만, 꼭꼭 씹어서 먹어보자." → YES

실랑이 끝에 억지로 뭔가 실행한 아이에게

"말하기 전에 하면 좀 좋아?" → NO

"(밝은 목소리로)다 마쳤구나." → YES

: 불필요한 말은 하지 않기 :

상황에 해당하는 말만 알아듣게 하는 게 좋다. 불필요한 말까지 하면 비난하는 잔소리로 들린다.

"또 그런다, 또 또 또!" → NO

"(옳은 행동을 다시 말해주며)소리 지르지 말고 엄마 가까이 와서 말해줘." → YES

: 긍정 상황을 부각하기 :

잘할 때는 아무 말 안 하다가 못할 때만 지적하는 부모라면 아이와의 관계만 멀어진다. 좋아하는 사람의 말을 듣고 싶다는 관계의 법칙을 기억하자.

"이게 한 거야? 하려면 잘해야지." → NO

"(잘한 것을 격려하며)열심히 했구나." → YES

: 모순된 상황 만들지 않기 :

부모는 아이의 본보기라는 말 실천하기

부모의 말은 부모의 행동까지 포함한다. "엄마와 아빠도 잘 거야" 해놓고 부모는 거실에서 TV를 본다면 '거짓말하는 부모 + 믿지 못할 부모 + 저항감 들게 하는 부모'가 된다.

부모의 말이 효과적으로 되려면

지금까지 다양한 상황에서 살펴본 부모의 말은 육아 전반에 모두 적용할 수 있다. 명심할 것은 부모의 말과 행동이 일치해야 한다는 점이다. 말과 행동이 다른 이율배반적인 모습을 보이면 아이는 부모를 신뢰하지 않는다. 좋은 습관을 형성해 주기 위한 부모의 말은 아이의 발달상 안 듣거나 거부하기 쉬운데 부모에 대한 신뢰마저 없다면 아이에게 결코 효과적으로 전달될 수 없다.

　아이에게 좋은 습관을 형성시켜 주는 일은 육아에서 양보할 수 없는 핵심 사안이다. 그런 만큼 부모는 '말'로 반복해서 가르치고, 훈육하고, 또 반복해야 한다. 아이의 저항이 만만치 않을 것이다. 그 저항에 부모가 큰소리치고, 위협하고, 혼내고, 야단치는 말을 한다면 좋은 습관이 형성될 리 없고, 아이의 조절력에도 도움이 안 되며 부모와 아이의 관계마저 나빠진다. 아이의 감정 뇌를 감정적으로 건드리지 않는 부모의 이성적인 말 습관은 아이와 부모 모두를 승승Win-Win 하게 하는 육아 전략이다.

　아이가 '욕구'에 지배당하기 전에 '조절력'을 키워주자. 아이의 욕구 뇌가 강력하고 지속적인 저항을 하겠지만 부모는 이성 뇌에서 엄선한 부모의 말로 반응하면 된다. 다행인 것은 아이의 이성 뇌가 계속 발달하고 있다는 사실이다. 그러므로 아이도 좋은 습관과 루틴의 가치를 인지하고 더 나은 사람이 되고 싶어 한다고 믿으며, 부모의 말로 아이를 도와주자. 내 아이가 좋은 습관과 루틴을 가진 더 나은 사람이 되도록.

아이의 조절력을 키우는 말은 따로 있다

5살 남자아이 둘이 놀다가 한 아이가 다른 아이를 때렸다. 두 엄마가 아이들에게 뛰어가며 말했다.

"어머, 괜찮아?"

"어머, 너 왜 때렸어?"

그 와중에 때렸던 아이가 아직 마음이 안 풀렸는지 계속 발길질하려고 했다. 두 엄마가 동시에 소리쳤다.

"어머, 왜 그래?"

이 상황을 통해 어떤 방법이 조절력을 키워주는 훈육의 말로 적절한지 알아보자.

내 아이 훈육, 내가 해야 한다

아이들끼리 놀다 보면 순식간에 다툼이 일어나기도 한다. 싸우면서 큰다는 말처럼 아이들 싸움이려니 하며 그냥 넘어가는 때도 있지만 상대 아이가 잘못했어도 그 아이를 훈육할 수 없어 속상한 경우도 있다. 그럴 땐 속상한 마음에 엉뚱하게 내 아이를 꾸중하기도 한다. 부모라면 한두 번쯤 이런 생각을 해봤을 것이다.

'남의 애한테 뭐라 할 수도 없고, 각자 부모가 알아서 잘 가르쳐야 하지 않나?'

맞다. 그래야 한다. 남의 아이 훈육은 못 하지만 부모는 내 아이만큼은 '하면 안 되는 것' '해야 할 것'에 대해 제대로 가르쳐 조절력을 높여주어야 한다.

앞의 상황으로 돌아가 보자. 때린 아이 엄마가 한 말은 "왜 때렸어?"다. 이 말은 잘못된 말은 아니지만 먼저 나오면 안 되는 말이다. 왜 때렸냐고 물으면 때린 아이는 이유와 핑계를 대기 쉽다. 이유를 묻기 전에 때린 아이의 엄마는 이 말을 먼저 해야 한다.

"(아이를 떼어놓으며)때리면 안 돼."

때린 아이에게도 이유는 있을 수 있다. 엄마가 미처 못 본 상황도 있을 수 있다. 맞은 아이가 때린 아이를 먼저 때렸을 수도 있다. 하지만 이유를 묻는 "왜 그랬어?" "무슨 일이니?"라는 말은 '맞은 아이의 엄마'에게 양보해야 한다.

- 때린 아이 엄마 : "때리면 안 돼."
- 맞은 아이 엄마 : "무슨 일이니?"

아이들에게 말할 기회, 변명할 기회를 줄 때도 몸 공격을 못 하도록 부모가 아이를 보호해야 한다. 서로 핑계를 대는 동안 아이들은 억울해하며 다시 몸싸움할지 모르기 때문이다. 상황을 빨리 끝내고 싶고 좋은 게 좋은 거라고 생각해서 억지로 사과시키면 아이도 불만족, 부모도 불만족스럽다. 제대로 된 훈육을 못 한 건 물론이다.

이유보다 더 중요한 건 안 되는 행동은 안 된다고 먼저 말하는 것이다. 때린 이유가 정당해도 때린 행동은 부당하기 때문이다. 이유가 어떠하든 안 되는 행동은 안 해야 한다고 알려주는 것이 훈육이다. 이유를 듣더라도 안 된다고 엄격히 말한 후에 들어야 한다.

훈육은 장소와 상황, 연령에 따라 다른 방법으로 적용되어야 한다. 친구와 놀다가 생긴 다툼이나 훈육 상황에서는 부모가 각자의 아이를 훈육하되 때린 아이와 맞은 아이가 분명한 경우에 훈육의 기술이 달라야 하는 것이다. 당한 아이의 경우엔 위로가 필요한데 "왜 맞고 그래?"라고 하거나 때린 아이의 경우엔 단호함이 필요한데 "왜 때린 거야?"라며 이유를 먼저 들으려 하면 안 된다.

훈육만큼 다양한 대처와 기술이 필요한 육아 파트가 없을 것이다. 어떤 경우에는 단호한 지시, 어떤 경우에는 마음 읽어주기를 하고 단호한 훈육의 말을 해야 하는 경우도 있다. 다음의 훈육 사례는 어떤가.

'때리면 안 돼'를 알려주는 훈육의 기술

할아버지를 좋아하는 아이가 있다. 그런데 아이는 할아버지가 자신의 요구를 안 들어주면 다짜고짜 발길질한다. 엄마가 이 상황을 보았다. 엄마는 아이에게 가서 얼른 안으며 말했다.

"할아버지를 때리면 할아버지가 아프시지. 우리 준이도 누가 때리면 아프지? 그러니까 때리면 안 돼. 알았죠?"

조부모님 앞이니까 엄마 나름으로는 부드럽게 말하면서 아이를 민망하게 하고 싶지 않은 마음을 표현한 것이지만 이건 훈육의 말로 적합지 않다. 먼저, 엄마는 분명하게 말해야 한다.

"안 돼. 할아버지께 발길질하면 안 되는 거야."

때리거나 발길질하면 맞은 사람이 아프니까 하면 안 되는 게 아니다. 상대가 아프지 않아도, 다치지 않아도, 장난으로라도 하면 안 되는 행동임을 명확히 알려주어야 한다. 그런 다음 다른 장소로 데리고 가서 훈육해야 한다. 그 자리에서 훈육하고 할아버지께 사과드리면 좋겠지만 아이가 저항하고, 할아버지는 "그냥 놔둬라. 애가 뭘 알겠니?" 하면 부모와 조부모의 훈육관 불일치를 보이게 된다. 만약 훈육 상황에서 할아버지가 아이 편을 들지 않는다면 아이는 할아버지에 대한 미움의 감정이 생길 수도 있다. 이런 상황이라면 여러 변수를 고려해서 다음과 같은 순서가 안전하다.

1. 아이의 행동을 제지한다.
2. 행동에 대한 금지의 말을 명확히 한다.

3. 부모와 아이만 있을 수 있는 장소로 옮겨 훈육한다.

장소를 옮기기 전에 부모는 아이를 대신해서 "아버님, 죄송합니다"라는 말로 본보기를 보이는 것이 좋다. 만약 아이에게 "할아버지께 죄송하다고 말씀드려야지" 한다면 또 다른 훈육 상황이 된다. 아이도 지금 긴장 상태이므로 엄마의 말을 따르지 않을 수 있다. 부모가 얼른 사과하고 둘만의 장소로 이동해 훈육한다.

이유를 물어봐야 하는 상황에서의 훈육 순서

훈육할 때 이유를 물어봐야 할 상황이라면 이유를 듣되 '짧게' 공감하고 '안 되는 것'을 강조해야 한다. 공감이 강조되면 '네가 그런 행동을 할 수밖에 없었구나'로 진행되어 '어떤 상황에도 그러면 안 돼'라는 훈육이 약해지기 때문이다. 이유를 들어야 할 때는 다음 4단계 순서로 진행해 보자.

꞉ **이유를 듣고 반응하는 훈육의 4단계** ꞉

• 1단계, 훈육의 말 "때리면 안 돼"

• 2단계, 이유를 묻는 말 "무슨 일이 있었니?"

• 3단계, 공감의 말 "그런 일이 있어서 화가 났구나."

• 4단계, 훈육의 말 "하지만 때리면 절대 안 되는 거야"

여기에서 중요한 것은 공감은 짧게 하고 훈육의 말은 확실하고 분명히 강조해야 한다는 점이다. 훈육에서 중점을 둘 부분은 공감이 아니라 훈육의 말이기 때문이다. 마음 읽어주기에 치중한 이런 말은 적합지 않다.

"할아버지가 너를 놀리셨구나. 어쩐지, 우리 착한 준이가 할아버지한테 그냥 그럴 리가 없지"

이런 섣부른 마음 읽어주기로 마무리하면 아이의 행동을 정당화시키는 상황이 된다.

아이가 배워야 할 것은 '그럼에도 안 되는 것은 안 되는 것'이다. 수많은 '그럼에도 불구하고' 감정을 함부로 표현하지 않는 것을 배우는 게 훈육이다. "그래서 그랬구나"로 짧게 반응해 주고, 바로 훈육해야 한다.

"(어떤 이유가 있어도) 때리면 안 돼"
"(이유를 들어야 한다면 이유 듣고 짧은 반응)그래서 그랬구나. (훈육을 강조하는 말)그래도 절대 때리면 안 되는 거야"

훈육에서 하지 않을 말, 질문

훈육할 때는 질문식으로 하지 않아야 한다. "때리면 안 되겠죠?" "어떻게 생각해?"라며 의견을 묻거나 양해를 구하듯이 하면 안 된다. 훈육은 아이와 의견을 교환하는 것이나 선택하는 것이 아니다. '누구도 때리면 안 된다'라는 건 이유를 불문하고 단호하고 엄격하게 가르쳐야 하는 것이다.

만약에 몇 번을 말했는데도 아이가 실행에 옮기지 않는 상황이라 엄격하게 가르쳐야 한다는 판단이 들었다면 어떻게 말하는 게 좋을까. 예를 들어 식사 후에 수저와 빈 그릇은 싱크대에 갖다 놓자고 여러 번 말했는데도 안 지켜서 분명히 가르쳐야 한다고 생각이 들었다면 "밥 다 먹으면 어떻게 하라고 했어?" "넌 그렇게 말했는데도 말을 안 듣는 거니? 아니면 못 알아듣는 척하는 거니?"라는 식으로 따지듯 묻는 말은 적합한 훈육의 말이 아니다. 가르칠 부분을 다시 한번 반복해서 확실히 말하면 된다.

"네 수저와 그릇은 싱크대 안에 갖다 놔."

훈육은 아이의 조절력을 키우고 바람직한 성장에 목적을 두는 만큼 다양한 사례에 따라 훈육의 기술이 필요하다.

: 훈육의 기술 1 :

훈육할 때는 단호하게 말하는 것이 중요하지만 너무 냉정한 것도 적합하지 않다.

: 훈육의 기술 2 :

이유를 묻되 공감하는 것에 비중을 두지 않아야 한다. 아이 마음을 내치지 않는 선에서 짧게 공감하고 훈육의 말은 강조한다.

: 훈육의 기술 3 :

훈육 상황에서 질문 식으로 추궁하는 듯 말하면 반항심이 들어 훈육의 말이 제대로 전달되지 않는다.

이렇게 훈육 상황에 따라 훈육의 기술이 조금씩은 달라야 하지만 분명한 것은 모두가 아이를 위한 것이라는 점이다. 단호하고 엄격한 훈육의 말이 당장은 쓴 약 같아도 아이의 귀와 마음에 쏙 들어가 지침이 되고 조절력을 높이는 약이 될 것이다.

이제 훈육의 마지막 순서가 남았다. 지금까지 상황에 따라 단계와 순서를 지켜 훈육을 마쳤는가. 그러면 아이를 깊이 안아주며 말해주자.

"엄마는 너를 사랑해. 그래서 규칙을 가르쳐주는 거야."
"아빠는 너를 사랑해. 사랑하는 우리 딸이 항상 건강하고 안전하길 바란단다."

자유 이전에
규칙과 책임을 알려주자

엄마가 무슨 말을 하려고 하자 아이가 달려와 엄마 입을 막는다. 뭔가를 감지하고는 엄마가 말을 못 하게 한 것이다. 엄마는 아이의 손을 떼 내며 사랑스럽다는 듯 손에 입을 맞추며 "오늘은 장난감 정리 안 도와줄 거야. 이제 네가 스스로 해야지"라고 하는데 이 말에 아이는 "싫어. 싫어. 나 혼자 못해" 소리를 지른다. 엄마가 보기에도 거실 가득한 장난감을 아이 혼자 치우기엔 역부족이다. 엄마는 "알았어, 알았어, 엄마가 미안해. 도와줄게. 약속!" 하며 장난감을 정리하기 시작한다. 6살 하율이와 엄마의 이야기다.

행동에는 책임이 따른다는 것을 알게 하자

하율이는 집 안에 있는 장난감이란 장난감을 다 꺼내놓고 논다. 장난감이 많은데다 방에 있는 인형들까지 가지고 나와 소꿉놀이(역할놀이)하는 날에는 그야말로 거실이 난장판이다. 아이가 노는 시간에는 거실에 장난감과 인형으로 들어차 발 디딜 틈이 없다. 그래도 아이가 인형을 가지고 역할놀이 하는 걸 보면 언어발달에 이보다 좋은 것은 없다는 생각이 들고, '내 딸이지만 어쩜 저렇게 말을 잘하지?'라며 감탄하기도 한다.

문제는 놀이 시간이 끝난 다음부터다. 아이 혼자 정리하기에는 장난감 양이 너무 많아 엄마가 도와주어야 한다. 엄마도 아이와 장난감 치우는 게 나쁘지만은 않다. 크고 작은 바구니를 준비해서 "누가 먼저 정리하나, 시작!" 하면 게임처럼 재미도 있고 수학적 분류와 '크다, 작다'라는 개념까지도 알게 하니 일거양득이라는 생각이다.

하지만 아이가 실컷 늘어놓고 논 다음에 매번 정리하기를 싫어한다는 점이 문제다. 어느 날은 결심하고 "하율아, 엄마가 지금 다른 일을 해야 하니까 혼자 정리할 수 있지?"라고 말했지만 "엄마가 나보다 더 잘하잖아. 음~~" 하며 애교와 응석을 부려 엄마는 꼼짝없이 정리에 동참할 수밖에 없었다. 하루는 안 되겠다 싶어 강경하게 "안 돼. 이제 장난감은 스스로 정리해야 하는 거야"라는 말을 했다가 아이가 방으로 휙 들어가 울고불고하는 바람에 뒤따라가 사과하고 결국 장난감 정리는 엄마 차지가 된 적도 있다. 엄마는 고민이다. 어떻게 해야 아이가 스스로 장난감 정리를 잘할 수 있을까?

자유 이전에 규칙을 알게 하라

아이는 장난감을 가지고 재미있게 놀면서 배우는 것이 많지만 엄마는 가르쳐야 할 중요한 것을 놓치면 안 된다. 놀고 난 후에 장난감을 정리하게 하는 것이다. 자유롭게 놀기 위해서는 그에 따르는 규칙을 알고, 책임을 지게 해야 한다. 아이에게 '놀이'만큼 중요한 자발적 배움은 없지만 놀고 난 후의 '정리' 또한 큰 배움의 시간이다. 정리는 공간 배치력, 분류와 수 세기, 크기 등을 자연스럽게 알게 한다. 즐거운 놀이 후에 장난감을 정리하는 일은 책임감을 배우는 소중한 시간이기도 하다.

이 과정에서 '예측 능력'까지 키워줄 수 있다. 예를 들면 아이는 장난감을 얼마큼 가지고 놀아야 나중에 정리할 때 좋은지 예측할 수 있다. 그러면 불필요한 것까지 와르르 쏟아 놓고 노는 습관도 고칠 수 있다. 자유에는 책임이 따른다는 것을 자연스럽게 알게 하면서 예측 능력과 좋은 습관까지 들일 수 있는 것이다.

알려주고, 도와주고, 아이 혼자서도 하도록

아이들은 발달 단계상 '현재 놀이의 즐거움'에 집중할 뿐 '이후에 해야 할 정리의 귀찮음'까지는 생각할 수 없다. 즐거운 놀이 후에는 힘들어도 자기가 논 장난감 정리를 하는 것이 규칙이고 책임임을 반복적으로 알려주어야 한다. 그렇게 되면 모든 장난감을 무제한으로 꺼내놓지 않고, 계획하며 놀 수 있다. 하지만 정리하는 것도 단계별로 가르쳐야 한다.

5~6살 아이라면 장난감 정리를 처음부터 혼자 하는 것이 버거울 수 있다. 일정 기간은 부모가 정리하는 것을 도와주며 어떻게 정리하는 게 좋은지 알려주는 것이 좋다. 정리 방법을 알려주고, 도와주고, 혼자서 하도록 차츰 단계를 밟아 나가는 것이다.

앞의 상황처럼 아이가 모든 장난감을 다 가지고 나와서 놀면, 정리할 때가 돼서는 회피하고 엄마도 힘든 상황이 된다. 이런 상황이 오기 전에 엄마는 장난감을 다 쏟아 놓고 노는 일은 나중에 정리할 때 어렵고 힘든 일이라는 것을 아이가 예측해 보게 하는 게 좋다. 놀이를 시작하기 전에 이런 질문을 해보자.

"오늘은 어떤 놀이할 거야?"
"○○놀이한다는 거구나."
"그럼 어떤 장난감이 필요할까?"

부모의 이런 질문은 자연스럽게 '놀이에 대한 계획'을 세우게 한다. 아이가 놀고 싶은 장난감을 선택하는 능력도 점차 길러준다. "그렇게 다 꺼내놓고 놀면 나중에 어떻게 할 건데? 이제 엄마는 정리 안 도와줄 거니까 네가 알아서 해!" 하는 것과는 차원이 다르다. 아이는 차츰 놀이를 계획하고, 필요한 장난감을 가지고 놀면서도 더 재밌게 놀 수 있으며 정리에 대한 부담도 줄어들기 때문에 스스로 정리할 수 있게 된다.

부모는 한계를 알려주고, 정해주어야 한다

장난감을 있는 대로 꺼내놓고 놀면 정리할 때 힘들다는

것을 알려주었는데도 실천하지 않고 여전히 와르르 쏟아놓고 논다면 놀이 시작 전에 분명하게 말해주자.

"이만큼 꺼내놓고 놀 거야? 이건 네가 선택한 거야."

엄마의 이 말을 들으면 아이에 따라 어느 정도의 장난감을 다시 제자리에 두는 경우도 있다. 정리에 대한 경험이 떠오르는 것이다. 이렇게 했음에도 많은 장난감을 꺼내놓고 놀다가 정리할 때 도움을 요청하면 '아이의 선택'이었음을 다시 확인시켜 준다.

"네가 선택한 거야. 얼른 정리하자."

놀이 전과 정리할 때, 아이가 선택했음을 알려주는 것은 아이를 존중하는 일이며, 엄마가 도와주지 않을 이유를 확실히 해준다. 다 놀고 나서 치우기 싫어할 때 잔소리처럼 하는 말과 비교해 보자.

"몰라. 네가 가지고 논 거니까 네가 책임져야지!"
"그러니까 이렇게 다 꺼내놓고 놀면 어떻게 해."

"놀기는 좋고 정리가 싫으면 적당히 꺼내봐야지. 장난감을 다 갖다 버리든지…"

놀이 후 정리를 앞두고 하는 이런 말은 반감을 불러일으킬 뿐이다. 아이도 노느라고 에너지를 다 쓴 상태라 엄마의 이 말에 짜증을 내고 엄마도 아이에게 화를 낼 수 있다. 놀이가 끝나고 정리할 때 이런 말은 효과가 없다는 이유다.

즐거운 놀이 후에 정리하는 것을 두고 훈육 상황이 발생하지 않도록 예방하는 것이 최선이다. 지금까지 살펴본 것을 정리해 보자.

1 │ 놀이가 시작되기 전에 알려준다

: 예측하게 하는 말 :

"지금 장난감을 다 쏟아 놓고 놀면 놀이하고 나서 정리하기 힘들 수 있어."

"엄마는 오늘 정리를 도와주지 않을 거야."

2 │ 아이에게 선택권이 있음을 알려준다

: 선택하게 하는 말 :

"놀고 난 후에 혼자 정리해야 하는데 장난감을 다 쏟아 놓고 놀면 정리하기 힘들지 않을까?"

"얼마큼 꺼내놓고 놀지 네가 정해보자."

3 │ 아이에게 '네가 선택했음'을 인지시켜 준다

: 선택을 재확인하는 말 :

"오늘은 방에서 인형을 갖고 나오지 않는다는 거구나."

"다 놀고 나서 혼자 정리한다는 말이지?"

놀이를 시작할 때마다 다시 반복해서 일깨워주는 것이 중요하다. 잊었을 수도 있기 때문이다.

"재밌는 놀이를 시작하는구나. 재밌게 놀아. 그런데 정리할 때 도 생각해서 놀고 싶은 장난감만 꺼내서 놀자."

무한대의 자유는 무책임을 부른다

만약 아이가 장난감을 다 꺼내 쏟아 놓고 노는 습관이 이 미 들었다면 일부 장난감은 다른 곳에 보관하는 게 좋다. 자주 입지 않는 옷을 보관하는 것처럼 놀이도 눈여겨보았 다가 일시 보관할 장난감은 상자에 보관하여 가지고 놀 장 난감을 최소화하는 것이다.

장난감을 일부 보관할 때는 아이와 협의할 수도 있고, 부 모가 결정할 수도 있다.

- 일부 장난감은 상자에 담아 따로 보관한다.
- 장난감 구매를 줄이고, 장난감 대여 등을 이용한다.

부모는 사랑하는 내 아이에게 자립심을 키워주고 정리력과 책임감도 키워주어야 한다. 그러나 지나치게 통제하면 놀이의 즐거움이 반감될 수 있으므로 적정선을 지키며 가르쳐주자. 놀이만한 배움은 없으므로 놀이를 권장하되, 놀이 후의 정리를 통해 책임감까지 길러주는 것이 하루 이틀에 될 만큼 쉬운 일은 아니다. 하지만 분명한 건 어떤 일에든 책임이 뒤따르는 것은 세상의 이치다. 아이도 놀이라는 즐거움과 정리라는 책임을 알고 배워야 한다.

아이에게 감당할 수 없는 무한대의 자유를 허용하면 아이는 책임을 감당할 수 없다. 무한대의 자유는 무책임을 부르게 된다. 그러므로 부모는 자유를 주기 이전에 규칙을 알려주고, 행동 이후에는 책임이 따른다는 것을 반복적인 경험으로 알려주어야 한다. 이런 경험이 쌓이면 자신과 사물을 통제할 수 있는 능력이 길러지며 조절력이 높아진다. 장난감 정리를 통해 아이는 규칙과 선택, 책임감, 조절력이라는 엄청난 발달 과업을 배우고 완수하는 것이다.

공부에 대한 자존감, '그릿' 길러주기

'이것은 재능을 앞선다.'

세계적 베스트 셀러가 된 앤절라 더크워스Angela Duckworth 의 저서 《그릿GRIT》에서 성취를 이루는 가장 큰 요인으로 꼽은 한 문장이다. 궁금하다. 재능을 앞서는 '이것'은 무엇일까?

이것은 한마디로 말하면 '노력'이며 좀 더 풀어내면 열정 과 끈기, 인내다. 더크워스는 이를 '그릿'이라 명명하며 성 취를 위해 가장 필요한 것은 지능이나 성격, 경제적 수준이 아닌 그릿이라는 점을 강조했다. 또한 그릿이란 지능이나 재능과 환경을 뛰어넘어 포기하지 않는 태도와 노력이며, 역경 앞에서 좌절하지 않고 끈질기게 견디는 마음의 근력이라고 정의하고 있다.

좀 더 확장해서 말하면 더욱 매력적인 정의가 내려지는데 바로 이 말이다.

'어떤 사람도 열정과 끈기로 노력하면 최고의 성취를 이룰 수 있다.'

결국, 끝까지 해내 성취하게 하는 것은 타고난 재능이 아니라 인내와 끈기이며 이는 멘탈이 강한 아이가 가진 특성이다. 내 아이에게 그릿을 길러주어야 하는 이유가 명확해졌다. 특히 아이가 학령기라면 인내와 끈기, 조절력의 그릿이 필수조건이다.

아이의 공부, 그릿이 필요하다

내 아이에게 인내와 끈기, 그릿을 길러주려면 어떻게 해야 할까?

"네가 공부하면 좋은 점이 많아."

이런 막연한 비전 제시가 아니라 공부의 좋은 점을 맛보고, 성공을 경험하도록 구체적으로 도와주어야 한다. 끈기와 조절력의 그릿이 장착되려면 성공 경험을 반복적으로 쌓아가야 하는 것이다.

공부는 반복과 반복을 거듭하며 인내와 끈기의 조절력을 발휘하는 일이다. 그러려면 "너는 잘할 수 있어"라는 격려와 아울러 실행할 수 있도록 구체적으로 도와주어 '나는 할 수 있구나'라는 성공 경험을 반복적으로 안겨주어야 한다. 이렇게 공부에 대해 성공 경험이 쌓이면 자신감을 가지고 자기주도학습으로 나아간다.

조절력과 그릿, 자기주도학습의 연관성을 살피고 아이의 공부 자존감을 높이는 방법을 알아보자.

먼저 아이가 자신의 학년 교과 수준을 따라가는지 확인해야 한다. 아이의 현재 공부 수준을 파악하는 것은 자신감, 성취감 모두에 영향을 미치며 '공부 자존감'을 위한 기초 작업이므로 매우 중요하다. 다음 3가지를 확인하고 보완해 주면, 아이는 능력에 맞게 해내고 성취감을 느끼며 해내려는 노력과 지구력을 발휘할 수 있게 된다.

- 선행학습을 할 것인가?
- 복습에 중점을 둘 것인가?
- 한 학년 정도 낮춰야 할 것인가?

만약 이 부분을 파악하지 않고 선행학습을 한다면 밑 빠진 독에 물 붓기가 되며 아이는 수준에 맞지 않는 공부로 인해 좌절하게 된다. 인내와 끈기를 발휘할 이유를 찾지 못하는 것이다. 하지만 아이의 현재 학습 기반을 잘 다져주면 자신감이 생기고 '내가 잘하는구나'라는 효능감도 느끼며 해내려는 의지와 끈기를 가질 의욕도 솟는다. 구체적으로 어떻게 하면 좋을지 부모의 역할을 알아보자.

아이 공부의 성공 경험을 도와주는 부모

예를 들어 숙제가 있을 때는 옆에서 적극적으로 도와주는 것이 좋다. 특히 아이가 초등 저학년이라면 부모는 아이의 '자기주도학습'이라는 함정에 빠지면 안 된다. 아이가 스스로 공부를 계획하고 자신의 계획에 맞춰 공부할 정도라면 부모로서 도와줄 일이 없다. 그저 잘한다, 훌륭하다, 멋지다는 칭찬만 하면 된다. 그러나 현실에서 이런 아이들은 극히 드물다.

정상적이고 평범한 아이라면 일반적으로 "공부 좀 해라" "숙제는 언제 할 거니?" "알아서 공부하면 좀 좋아?"라는 잔소리를 유발하게 한다. 이럴 때 부모는 공부 자존감과 그릿을 길러주기 위해 잔소리 대신 아이에게 '해냈다' '할 수 있다' '해볼 만하네!'라는 느낌이 들도록 해야 한다. 그러려면 아이가 알아서 공부하기를 기다리다 안 하면 잔소리 하지 말고 해낼 수 있도록 도와주어야 한다.

공부를 마라톤에 비유하거나 '엉덩이로 공부한다'고 한다. 그만큼 공부에서는 지구력이 중요하다는 의미다. 하지만 어린아이의 지구력은 저절로 생기지 않는다. 할 수 있어야 하고, 해냈다는 경험을 해서 할 마음이 생겨야 버티면서 해낼 지구력이 생기는 것이다.

지구력의 전제는 공부는 재밌다는 마음이다. 그 정도까지는 아니어도 최소한 '공부는 할 만하다'가 되어야 공부 지구력을 길러줄 수 있다. 자기주도학습도 여기서부터 출발한다. 그러므로 부모는 아이에게 자기주도학습을 강조하기 전에 자기주도학습을 할 수 있도록 기초를 다져주어야 한다. 그래야 공부 자존감이 올라가고 '힘들고 지루하지만 해야 해'라며 끈기, 그릿을 발휘한다.

공부에 대한 지구력을 키우려면

공부할 때 최소한 아이 몸이 배배 꼬이지 않게 하자. 일정 시간을 정해 그 시간에 끝내도록 해야 한다. 아이의 집중력과 집중시간을 고려해서 맞추자. 집중시간이 짧은데도 혼자 질질 끌게 내버려 둔다면 2가지 면에서 부정적인 결과만 가져온다.

1. 공부는 지루하다는 경험치 누적
2. 성취감과 성공 경험 없음의 누적

무언가를 대하는 마음은 경험의 축적에 관련한다. 아이의 공부 지구력을 위해서는 공부에 대한 성공의 경험치가 중요하다. 집중력이 낮다면 다음과 같은 전환을 시도해 보자.

• 공부는 지겨워! → 공부는 할 만해!
• 도저히 못 하겠어(모르겠어)! → 해냈네(할 만하네)!

이런 전환이 있으려면 부모의 도움이 절대적이다. 뜀틀

넘기에 비유하면 도움닫기가 되어 주는 것이고, 계단으로 비유하면 다음 계단으로 올라가도록 부모가 손을 잡아주는 것이다. 공부는 "할 수 있어. 파이팅!"이라는 부모의 말만으로는 부족하다. 아이가 할 수 있도록, 공부에 대한 성공 경험이 축적될 때까지 도와주어야 한다. 공부하고 나서 '해냈다'라는 성취감도 중요하다. 목적한 바를 이루었다는 성취감은 만족감과 행복감을 동반한다. 좋은 느낌을 계속 느끼고 싶은 것이 본능이다. 공부에 대한 느낌도 그렇다.

공부하면서 성공 경험과 성취감을 맛보면 지속하고 싶은 마음이 든다. 버티고 견디며 공부하는 힘인 '공부 지구력'은 그렇게 생기는 것이다.

집중력이 낮은 초등 저학년의 경우, 자기주도학습이라는 환상을 내려놓지 않으면 시간만 낭비하고 부모와 아이의 관계도 나빠진다. 엄마는 아이가 스스로 공부하길 바라며 "30분이면 되겠지? 그럼 30분 후로 알람 맞출게" 하고 자기주도학습 습관이 들도록 이끌었지만, 막상 아이가 보인 결과에 화가 나서 이렇게 소리칠 수 있다.

"너는 그거 몇 장을 지금까지 못 풀고 끌어안고 있었어? 못하면 못한다고 하지! 애가 왜 그래, 도대체!"

"지금까지 방에서 뭐 한 거야? 믿은 내가 정말…"

이렇게 아이를 비난하다 못해 부모를 자책하는 말로 아이 자존감과 부모 자존감은 물론 공부 효능감도 뚝뚝 떨어뜨린다.

할 수 있게, 성공 경험을 높이는 방법

집중력이 낮은 초등 저학년 시기에는 아이 혼자 공부방에 두면 이것저것 만지거나 딴생각하는 등 집중하지 못한다. 더구나 혼자 풀 수 없는 문제라면 더욱 그렇다. 난이도가 맞지 않은데도 "네가 스스로 알아서 해" 하고 아이 혼자 내버려 두면 실패하고 만다. 반복된 실패는 자신감을 떨어뜨릴 뿐이다.

"엉덩이로 공부한다는데 넌 왜 그렇게 엉덩이가 가벼워? 정말 큰 일이다"라는 걱정만 하지 말고 오래 앉아 있을 수 있도록 엉덩이 힘을 길러주어야 한다. 억지로 붙잡아둬서는 가능하지 않다. 앉아 있을 이유를 만들어줘야 한다. 해냈다는 성취감과 효능감을 느끼게 하는 방법은 다음 3가지로 정리해볼 수 있다.

1. 아이가 할 수 있는 수준이어야 한다.

2. 집중시간에 알맞은 양과 적절한 도움으로 실행하게 해서 성취감을 느끼게 한다.

3. 실행한 것을 칭찬해서 공부 자신감을 상승시킨다.

1, 2, 3에 도움이 되는 질문이 있다.

"혼자 하는 게 좋아? 엄마가 같이 있어 줄까?"

"얼마큼 할 거야?"

"어디서 공부하고 싶어?"

공부는 아이 방에서만 하는 게 아니다. 어느 날은 거실에서, 어느 날은 식탁에서 하고 싶을 수 있다. 그때마다 시간과 양을 조절하면 능률도 오를 것이다. 스스로 할 수 없는 난도 높은 학습을 하는 아이에게 "몇 분이면 끝낼 수 있니?"라며 주도권을 주는 건 의미 없다. 공부는 배우고, 익히고, 또 배우고 익히며 나아가는 반복 경험이므로 현재 학습 상태를 모르면 다음 진도로 나갈 수 없다. 그럴 때는 어떤 도움이 필요한지 물어봐야 한다.

"도와주면 의존 습관이 들지 않을까요?"

그렇지 않다. 다음 단계에 올라가도록 손을 잡아주는 과정이라고 여겨야 한다. 아이가 해냈다는 성취감을 느끼게 하자. 성취감과 자신감을 얻으면 다음 수준에 도전하게 된다. 이런 과정을 통해 차근차근 실력을 쌓은 아이는 스스로 공부하는 자기주도학습 단계로 올라간다.

이 모든 과정은 초등 저학년 때까지 유효하다. 이후에는 부모도 도움을 주기 어렵다. 학습 수준이 높아져서 부모가 가르쳐주기 쉽지 않고, 아이가 더는 부모의 영향권에 있지 않아서다. 자기주도학습은 스스로 하고 싶은 마음과 능력이 생긴 단계다. 차근차근 단계를 잘 밟고 올라온 아이가 자기주도학습을 한다.

공부 자존감 그리고 끝까지 해내는 힘

아이가 부모의 도움 없이 공부를 좋아하고 지속적인 집중력을 발휘하며 자기주도학습을 하는 정도까지 바라지 않는다고 해도 공부를 외면하거나 싫어하면 자존감에 문제가 생긴다는 사실을 기억하자. 자존감은 유능감과 효능감을 동반하기 때문이다. 공부에 무능감을 느끼면 긴 학창 시절을 거치면서 자존감은 바닥을 친다. 그리고 공부 재능은 타고나는 것이라고만 생각해서는 안 된다. 부모가 어느 정도까지는 올려주고 빛을 발하게 도와주어야 한다.

부모는 아이에게 공부하는 것을 좋아하게 도와줄 수 있다. 성적이 우수한 것과는 다른 의미다. 최소한 공부를 외면하지 않게 하려면 '해낸 경험'이 많아야 한다는 점을 잊지 말자. 해냈다는 성취감과 성공 경험을 많이 하도록 도와주면 아이는 차츰 부모의 도움 없이도 스스로 동기부여하고 공부하게 된다.

내 아이가 공부에서도 인내하고 노력해서 끝까지 해내는 힘인 지구력을 장착한다면 어떤 분야에서든 자신이 원하는 만큼 이룰 것이다. 공부 자존감만 올라가는 것이 아니라 그 실력이 기본이 되어 다른 일에서도 인내와 끈기의 그릿을 발휘하기 때문이다. 자신이 학생 시기에 마땅히 해내야 할 어렵고 힘든 공부라는 과업을 성공적으로 성취했으니 성장 시기마다 해낼 일을 결국, 잘 해내지 않겠는가.

아이의 학습 능력을
끌어내는 비결

"거봐, 엄마 말 듣고 숙제하니까 좋지?"

아들이 숙제를 미루고 미적대다가 마지못해 하고 나오자 엄마가 한 말이다. 아들이 아무 대답도 안 하자 엄마는 이어서 말했다.

"아들, 숙제하니까 속 시원하지? 그러니까 엄마가 말하기 전에 진작 알아서 했으면 좀 좋아. 다음에는 스스로 알아서 해야 해. 알았지? 이제 간식 먹자."

그런데 아이는 부루퉁하더니 제 방으로 다시 들어간다. 쾅, 문 닫히는 소리에 엄마는 영문을 몰라 아들 방에 쫓아들어가 말했다.

"뭐야? 왜 그러는 건데? 간식 먹자는데 왜? 아직도 숙제
다 못한 거야?"

"아, 됐어! 나가."

"뭐가 됐어? 왜 그래? 간식 안 먹을 거야?"

"안 먹는다고!!"

"진짜 왜 그래? 애가 왜 이렇게 까다로워!"

"나가라고! 안 먹는다고! 맨날 잔소리만 하고!"

"엄마가 언제 잔소리했어, 간식 먹으라고 했지!"

억지로 숙제하고 나온 아이에게 어떻게 말할까?

엄마의 말대로 아이가 까다로운 것일까? 아이의 말대로
엄마가 잔소리한 걸까? 둘 사이에 오해가 생긴 이유가 있을
것이다. 결론부터 말하면 엄마의 호의가 아들에게 전해지
지 않아서다. 호의가 제대로 전달 안 된 정도가 아니라 잔
소리로 변질되어 전해졌다는 것이 문제다.

이 사례를 보면서 하기 싫은 공부나 억지로 숙제를 마친
아이에게 어떻게 말하면 좋은지, 부모의 말에 대해 구체적
으로 알아보자.

: 엄마가 전하고 싶었던 좋은 뜻 :

• 숙제나 예습은 미루지 않고 먼저 하는 것이 더 좋아.

• 엄마 말 듣고 숙제해서 고마워, 아들!

• 네가 좋아하는 간식을 만들었단다. 맛있게 먹자.

• 역시 엄마 말 듣고 숙제하니까 진짜 좋지?

• 다음엔 알아서, <u>스스로</u> 하면 더 좋겠어.

: 아들의 관점에서 받아들인 뜻 :

• 숙제하기 싫은데 엄마는 숙제하라고 함

• 엄마한테 숙제하라는 잔소리를 들으니 기분이 나쁨

• 하지만 숙제는 해야 하니까 억지로라도 숙제함

• 힘들게 숙제를 마치고 방 밖으로 나감

• 엄마가 2차 잔소리를 함

엄마의 호의와 아들의 해석이 완전히 다르다. 번역기가 잘못된 걸까? 엄마가 애써 간식을 만든 것도 아들의 공부를 격려하는 차원이었을 것이다. 그런데 엄마와 아들 모두 기분만 나빠졌다.

아이는 '엄마의 잔소리'로 해석했고 엄마는 "뭐? 엄마가 언제 잔소리를 했어? 그런 뜻이 아니잖아. 제대로 좀 들어"

라며 아이를 탓했다. 그렇다면 정말 아들의 번역기가 잘못된 것일까? 아니면 엄마의 말이 엉터리여서 번역기에서 해석조차 안 되는 걸까?

공부 의욕을 꺾는 말 vs 살리는 말

아이의 공부 의욕을 북돋고 성취를 격려하려는 엄마의 호의를 잘 받아들이도록 하는 방법이 있다. '듣는 아이의 입장'에서 부모 말을 분석해 보면 된다. 그러면 부모의 말 한마디, 토씨 하나가 듣는 아이에게 어떻게 전해질지 알게 되어, 듣는 아이 입장에서 말할 수 있다.

말하기는 '듣는 사람 입장에서 말해야 한다'라는 것을 잘 알지만, 부모는 아이에게 말할 때 말의 내용에 치중한 나머지 형식(말투, 뉘앙스)을 무시하고 말한다. 아이의 반응이 예상과 다르면 까다롭거나 이상하다고 여길 게 아니라 부모 말을 한 번쯤 진지하게 분석할 필요가 있다. 그러면 문제와 솔루션이 명확하게 보인다.

"아들, 숙제하니까 속 시원하지? 그러니까 엄마가 말하기 전에 진작 알아서 했으면 좀 좋아. 다음엔 스스로 알아서 해야 해. 알았지?"

무엇이 잘못되었을까? 겉으로 보기에 아무 문제가 없어 보이지만, 이 말에는 아이를 격려하는 요소가 들어있지 않다. 오히려 기분 나쁜 잔소리만 들어있다.

첫 번째, 마치 엄마가 말 안 했으면 너는 숙제도 안 했을 거라는 뉘앙스가 담겨 있다.

두 번째, 첫 번째 말을 한 번 더 강조하는 말을 했다. 다음에는 엄마가 말하지 않아도 알아서 하라는 명령조까지 곁들여 말한 것이다.

부모는 기분 나빠지라고 한 말이 아니지만 아이 관점에서 들어보면 기분 나쁘게 하는 요소들로 채워져 있다. 부모는 억울함을 외칠 수 있다.

"엄마가 그런 뜻으로 한 말이 아니잖아!"

하지만 아이에게 그렇게 들렸다면 왜 잘 못 알아듣냐고 탓하기 전에 부모는 '잘 말해야' 한다. 잘 말하는 것은 말 잘하는 것과는 다른 의미다. 예를 들어 아들을 위해 간식까지 만들었다면 다른 말은 생략하고, 기분 좋게 하는 말만 하면 된다.

"다음부터는 엄마가 말하기 전에 네가 먼저 알아서 해. 이제 간식 먹자." → NO

"아들, 수고했어. 간식 먹자." → YES

이때 엄마의 표정도 중요하다. 방 밖으로 나오는 아들을 자랑스럽게 바라보며 말하는 것이다. 만약 아이의 표정이 밝지 않더라도 다음과 같은 말은 하지 말자.

"표정이 왜 그래? 숙제하니까 기분 좋잖아. 엄마를 위해서 공부하는 거야?"

추가로 할 말이 있거나 아들이 다음에는 알아서 스스로 하기 바란다면 간식 먹으면서 자연스럽게 말하면 된다. 아이는 기분이 좋아야 부모의 말이 잘 들린다. 숙제하고 나서 느끼는 기분이 대화 소재가 될 수 있다. '홀가분함, 보람, 뿌듯함, 개운함' 등에 대한 어휘도 적절히 사용할 수 있으니 어휘력 확장은 덤이다. 그럴 때 아이는 느낀다.

'우리 엄마, 참 좋아.'

그러면 된 거다. 아들이 숙제했고, 간식도 맛있게 먹었고, 좋은 엄마와 함께 대화도 나누었으니 아들에게 그 순간이 기억될 것이다.

순간의 말이 아이 학습 능력도 키운다

'기분 나쁜 말을 골라서 한다'라는 말이 있다. '말을 해도 어쩜 저렇게 이쁘게 할까?' 하는 때도 있다. 알고 보면 큰 차이가 아니다. 수많은 말 중에 그 순간과 상황에 맞게 골라 말하고 듣는 입장을 생각하면 된다.

숙제를 마친 성취의 결과에 대해서도 듣는 관점에서 말하면 차원이 달라진다. 아이가 해낸 성취(숙제함)를 부모의 공으로 돌리는 게 아니라 아이의 공으로 치하하는 말이 듣는 입장에서 말하는 것이다.

"엄마 말 듣고 숙제하니까 좋지? 엄마 말 들으니까 좀 좋아?"

이 말은 엄마의 공을 앞세우는 말이다. 엄마 덕분에 숙제한 것을 확인시키는 말에 불과한데, 부모는 때로 칭찬과 격려로 착각해 사용한다. 부모가 권해서 했든, 억지로 했든 '해낸 건 아이'다. 이 점을 부각하면 아이의 의욕과 학습 능

력을 올릴 수 있다. 또한 간단하게 말할수록 확실하게 전달
된다는 점도 잊지 말자. 감탄사를 넣어 아이가 지금 해낸
것을 말해보자.

"우와, 숙제했어?"

기분 좋은 말은 의욕을 북돋워 준다. 기분이 좋아야 세로
토닌 분비가 활성화되고 세로토닌은 학습 능력도 올린다는
것을 기억하자. 단, 부모가 해서 좋은 말이 아니라 아이가
들을 때 기분 좋은 말이어야 한다. 비위를 맞추라는 게 아
니다. 기분 나쁘게 하는 말은 하지 말자. 부모가 하는 말에
하려던 공부도 하기 싫어질 수 있고, 더 열심히 하고 싶은
마음이 들 수도 있다.

간식도 준비하지 못했고, 유효적절하게 할 말도 바로 찾
지 못했다면 이건 어떨까. 방 밖으로 나오는 아이에게 환하
게 웃어주는 것. 엄마의 그 표정이 열 마디 말보다 더 많은
의미로 전해질 것이다.

때로 많은 말보다 한마디의 말, 말 줄임이 아이의 학습
의욕을 올리는데 효과적일 수 있다. 부모의 숨결, 부모의

표정, 부모의 모든 것이 아이의 학습 능력은 물론이고 아이
가 가진 또 다른 잠재력을 올려 준다.

결정적 시기, 초등 3학년까지 학습력을 잡아주자

2022년 OECD 국제학업성취도평가(PISA) 소식에서 2가지가 눈에 띄었다.

첫 번째는 한국 학생 10명 중 2명은 삶에 만족하지 못한다고 답했다는 것이다. 삶의 만족도 분야에서 OECD 평균보다 낮은 수준으로, 자기 삶에 불만족하다는 답이 22%였다.

두 번째는 좋은 소식이다. 전체 조사 대상국 중 학업성취도에서 우리나라가 최고 2~3위를 차지하는 최상위권이라는 것이다. 수학, 읽기, 과학 점수는 모든 영역에서 OECD 평균보다 높은 점수를 기록했다.

이 부분에서 부모는 걱정이 되면서 '아이 공부'에 대해 혼란스럽다. 가뜩이나 힘들게 공부하는 아이를 생각하면 여러 가지 생각이 교차한다.

'행복은 성적순이 아니라더니 우리 아이들이 공부는 우등생이지만 행복 점수에서는 열등생이구나.'

'공부를 잘해도 행복도가 낮으면 무슨 의미가 있겠어?'

'그렇다고 공부 못해도 괜찮으니까 행복하기만 하면 된다고 말할 수도 없고….'

'공부만 잘하면 뭐 해! 행복하지 않으면! 그럼 공부 못하면 행복할 수 있다는 건가?'

아이의 학습에 대한 부모의 소신이 중요하다

하지만 관점을 바꾸면 이야기는 달라진다. 아이가 공부를 잘하면 행복할 수 있다는 관점이다. 인간은 시기마다 성취해야 할 발달 과업Developmental Task을 잘 해낼 때 만족감과 행복을 느끼는 존재다. 그런 면에서 아이의 공부와 행복은 반비례가 아니라 비례하는 것이다.

공부를 예로 들었을 뿐, 공부만이 아니라 아이는 시기마다 해내야 할 것이 있다. 이렇게 해내야 할 것을 해내기 위해서는 많은 인내와 고통도 겪어야 한다. '하기 싫음' '지루함' '실망' '좌절'을 경험하고 '조절력' '회복 탄력성'을 동원해서 다시 나아가야 하므로 고통과 불행감도 느낄 수 있다. 하지만 성장하기 위해서 거칠 관문과 위기 상황은 시기마다 많으며 아이는 이 관문을 통과해야 올바르게 성장할 수 있다. 말 그대로 통과해야 할 관문, 통과의례이기 때문이다.

이러한 각 단계의 성장 과정에서 부모의 역할이 중요해진다. 부모는 아이가 잘 해내도록 생애주기별 발달 과정마다 손잡아주고, 이끌어주고, 믿어주고, 다시 나아가게 해주어야 한다. 공부에 대한 것도 마찬가지다. 공부는 일정 시기까지 선택이 아니라 의무이며, 아이가 '공부하도록 하는 것' 또한 부모의 의무이자 주요 역할이다. 그러므로 부모 먼저 학습에 대한 관점을 점검해야 한다.

부모가 아이의 학습에 대해 긍정적인 철학을 가져야 학습이라는 긴 과정을 격려하며 함께해줄 수 있다. 특히 초등기 아이에게 부모의 신성한 '교육의 의무'를 잘 수행하기 위해서는 학습에 대해 흔들리지 않는 긍정적인 관점과 철학이 중요하다. 결정적 시기, 초등 3학년까지 학습력을 잡아주자.

아이는 발달 시기마다 해내야 할 과업이 있다

아이에게는 저마다의 시기에 이루어야 할 '발달 과업'이 있다고 강조했다. 예를 들면 이유식을 먹을 때가 있고, 고형식을 먹어야 할 때가 있으며 기저귀를 떼고 변기를 사용해야 하는 시기가 있으며 유치원에 가서 적응해야 하는 것 등이다. 이유식 시기를 지나 고형식을 먹을 땐 씹기 싫어도 씹어야 하며, 때가 되면 기저귀가 아닌 변기에 대소변을 봐야 한다. 이것이 아이가 이뤄야 할 발달 과업이며 시기마다 성취해야 할 과업을 수행하지 못하면 성장하지 못한다.

아이는 시기마다 발달과 성장의 관문을 통과하기 위해 안간힘을 쓰며 극도의 저항을 보이기도 한다. 그때마다 부모는 격려하고 도와주며 최선을 다하는 과정에서 아이와 갈등도 생긴다. '훈육'을 해야 하는 육아 과정이 부모를 버겁게 하는 지점이기도 하다. 그러나 부모는 포기하지 않는다. 반복해 가르치고 격려하는 어려운 시간을 견디며 내 아이의 발달 과업을 성취하도록 돕는 것이다.

그렇게 아이가 잘 자라 유치원생이 되고 초등학교 입학을 하게 되면 학습, '공부'라는 과업을 수행해야 한다. 공부는 만만찮고, 어렵고, 지루하고 긴 시간이 필요한 과업이다. 부모에게는 경제적 지원이라는 일생의 막대한 과업이

주어지는 시기이기도 하다. 아이 인생이 걸린 중요한 일이
라 부모는 아낌없는 지원을 한다.

낮은 행복도, 그 이면엔 높은 성취욕

앞에서 언급한 OECD 국제학업성취도 평가에서 한국 학
생들이 최고 2~3위를 차지하는 최상위권의 결과를 얻었다
는 사실은 아이와 부모의 노력이 합해져 나타난 것이다. 수
학, 읽기, 과학 점수는 모든 영역에서 OECD 평균보다 높은
점수를 기록했다는 것도 아이와 부모의 시너지 효과다.

하지만 여전히 우리 아이들이 행복도에서 열등생이라는
결과를 통해 모든 면에는 양면이 있고 이면이 있음을 간과
해서는 안 된다.

'공부만 잘하면 뭐 해. 행복도는 바닥인데.'

이 이슈는 관점을 달리해서 접근해야 현답이 나온다.

먼저 아이들은 학창 시절이라는 시기에 해야 할 자신들
의 발달 과업을 충실히 수행하는 중이라는 관점이다. 이는
분명한 사실이기도 하다.

다음은 더 나은 삶을 살고 싶은 사람일수록 현재에 만족

하기보다 더 나은 미래를 준비하고 희망하기 때문에 '현재 행복 점수'를 후하게 주지 못할 수도 있다는 관점이다.

아이는 현재를 살지만 부모는 미래에 무엇이 필요한지 아는 사람이다. 아이가 만약 현재 공부에 버거워서 행복 점수를 낮게 준다면 그건 이상한 것이 아니다. 하지만 부모가 "공부가 그렇게 힘들어서 걱정이다. 어쩌니" 하면서 걱정하고 한숨 쉬고 불안해하면 부정적 감정이 그대로 전이된다.

아이는 해내야 할 일은 힘들어도 해야 한다. 부모는 이 점을 잊지 말고 부모의 삶을 행복하게 보여주면서 아이에게 긍정적 감정이 전이되도록 해주자. 그런 모습을 보이면서 아이가 현재 공부에 충실하도록 격려하고, 학업에서 '성취'하도록 이끌어야 하는 것이다. 아이가 학생이라면 공부라는 발달 과업을 잘 이뤄내야 한다.

아이의 현재를 행복하다고 느끼게 해주자

• 미래는 예측 불가 = 미래는 불안

이 공식을 오늘 삶에 적용하면 오지도 않은 미래 때문에 지금을 불안하게 살게 된다. 불안한 사람은 '삶의 만족도를 최저 0점에서 최고 10점으로 매겨달라는 질문'에 8~10점을 줄 수 없다. 잘살고 있으면서 '못살고 있다고 느끼면' 만족도 점수에 0점을 매긴다.

느낌은 환경의 영향을 받는다. 안전하고 편안한 환경이라면 행복하다고, 불안하고 불편한 느낌이라면 불행하다고 느끼는 것이다. 알려진 것처럼 뇌는 말의 영향을 받는다. "못 살겠다" "힘들어 죽겠다" 이런 말을 자주 듣는 아이와 "행복하다" "기쁘다" "즐겁다"라는 말을 듣는 아이의 '느낌의 창고'에 채워진 언어는 다르다. 공부를 두고 부모가 긍정적이 되어야 할 중요한 이유다.

과정에 박수를 보내고 부족한 부분은 도와주며 아이가 마땅히 수행할 과업인 공부를 '해내게' 하는 부모여야 한다. 부모에게 할 일이 있듯 아이에게도 할 일이 있다. 에너지를 쏟아부어야 하는 일들이 시기마다 많은 것이다. 지금 내 아이에게 '공부'가 그런 일이라면 끈기와 인내를 가지고 결국, 해내게 해야 한다. 그래야 현재도 미래도 행복하다. 공부가 인생의 전부는 아니지만, 아이가 그 시기에 치러야 할 분명한 발달 과업이며 과업을 완수했는가, 회피했는가에 따라 아이의 미래와 모든 것이 달라진다.

어렵고 힘들어도 아이가 해내도록 해야 한다

학업성취도는 아이의 현재 행복과 자존감에도 분명히 영향을 준다. 사랑받는 존재라는 느낌과 해낼 수 있는 능력이 합쳐져 자존감이 되기 때문이다. 다만 아이의 학업 수행을 도와주기 위해 부모는 다음의 기본을 꼭 지켜야 한다.

첫째, 학원을 선택할 때도 아이와 의논하자.

둘째, 성적이나 결과에 연연해하는 모습을 보이지 말고 아이의 노력과 과정을 인정해주자.

셋째, 노력한 만큼 결과가 안 나와 실망할 때 지지와 격려를 해주며 어떤 상황에서도 사랑받는 존재임을 확인시켜주자.

피할 수 없으면 즐기라고 했다. 어른도 실천하기 힘들지만 분명한 건 아이도 '공부를 피할 수만은 없다'라는 사실을 받아들이고 해나가야 한다. 힘들 때는 행복하다는 느낌보다 왜 이렇게 힘들게 공부해야 하는지에 대한 회의적인 느낌이 더 강할 수 있다. '힘듦'을 '보람'으로 '어려움'을 '성취감'으로 전환할 수 있도록 아이에게 힘을 불어넣어 주자. 때로 학교에 다녀온 것만으로도 고맙고 자랑스럽다고 말해주어야 한다. 부모의 기준에서는 당연하고 마땅한 것이지만 아이의 기준에서 힘든 일을 매일매일 하는 것임을 이해하고 격려하는 말이다.

"학교에 잘 다녀와서 고마워."

이 한마디가 아이에게 닿을 울림은 클 것이다. 어제보다 책을 더 읽었다고 자랑하면 놀라워하며 감탄의 말도 해주자. 글씨를 썼다면 못 쓴 글자를 지적하지 말고 제대로 잘 쓴 글자를 가리키며 칭찬해 주자.

"그림책 읽는 모습이 정말 멋지네."
"와, 글씨를 정말 반듯하고 이쁘게 썼구나. 우리 지호가 웃는 모습만큼이나 글씨가 예뻐."

초등 저학년까지는 부모의 '말'이라는 '정서적 지원'이 아이의 학습에 큰 영향을 미친다는 것을 알고 지지와 격려를 아끼지 말아야 한다. 공부하는 지금이 아이에게 가장 힘들고 좌절하는 시기일 수 있다. 공부라는 발달 과업이 그만큼 중요해서다.

지금까지 육아를 해오면서 시기마다 격려하고 끌어주어

아이 스스로 해낼 수 있게 도와주었고, 내 아이는 결국 해 냈다. 그렇다면 이제 학업성취도에서는 우등생, 삶의 만족 도에서는 열등생이라는 OECD 국제 학업성취도 평가를 이 렇게 해석할 수 있다.

• 학업성취도↑ = 발달 과업 성취도↑ = 행복↑

학업이라는 발달 과업을 잘 수행하도록 격려하는 부모 가 되어 주자. 더 잘하라고 채찍질하는 부모가 아니라 "그 만하면 잘했다"라고 해주자는 것이다. 만약 성취도가 높음 에도 더 잘하고 싶어서 불만족하고 힘들어한다면 "너 자체 로 자랑스럽다"라고 더 자주 말해주자. 아이들은 자신에 대 해 궁금하고, 칭찬과 인정에 목말라한다.

'내가 잘하고 있는 건가?'
'혹시 못 하면 실망하시지는 않을까?'
'내가 부모님께 자랑스러운 존재인가?'

이런 의문을 품고 결과에 따라 부모님의 사랑이 좌우된 다고 믿으며 불안해하는 아이는 삶의 만족도가 0점이지만,

'내가 지금 이뤄야 할 과업은 공부야. 힘들고 어려워도 해 보자'라며 자신의 본분을 잊지 않고 성취감을 이루려는 아이는 '힘듦 = 불행'으로 생각하지 않는다. 힘듦의 이유와 결과를 이렇게 해석하기 때문이다.

• 힘듦 = 성취 = 만족 = 행복

부모는 아이가 존재 자체에 대한 충분한 사랑을 받고 있다는 것을 느끼게 해주는 존재다. 더불어 아이의 학업성취도를 높여주고 결국 해내도록 돕는 존재다. 부모는 그런 위대한 존재다.

아이의 학업성취도를 높이려면 학습에 대한 부모의 소신이 확실해야 한다. 가장 고난도의 과업을 이뤄내는 아이에게 학습에 대한 부모의 소신이 흔들림 없어야 아이는 견디고, 버티며 긴 학습 여정이라는 발달 과업을 성공적으로 이뤄낸다. 학습력을 좌우하는 결정적 시기인 초등 3학년까지 아이 학습에 대한 부모의 철학과 소신이 긍정적이어야 하는 이유다.

이제 공부 잘하면 무슨 소용 있느냐고 의심하지 말자. 누구도 부인할 수 없는 건 아이가 공부해야 할 시기에 학습력이 높으면 행복감과 만족감이 높다는 사실이다. '공부만 잘하는' 아이가 아니라 '공부도 잘하는' 아이, '발달 과업을 잘이룬' 멘탈이 강한 아이인 것이다.

아이의 성향을 인정하면
더 잘한다

부부가 딸아이와 함께 패밀리 레스토랑에 왔다. 이어서 예비부부인듯한 연인이 커다란 선물을 들고 와서 반갑게 인사한다. 아이 생일을 축하하는 자리였는지 커플 중 남자가 선물을 건넨다.

"솔지야, 생일 축하해."

아빠는 "와, 미미 화장대네. 솔지야 감사합니다, 해야지"라고 말하자 아이가 부끄러운 듯 고개를 숙이며 "감사합니다"라고 인사를 한다. 그러자 아빠는 "에이, 하나도 안 들리네! 크게 인사해야지. 선물 다시 가져가시라고 해야겠다"

고 한다.

이번엔 커플 중 여자가 "솔지야, 생일 축하해" 하며 선물을 건네자 아빠는 아이를 보며 "와, 미미 핸드백이네. 우리 솔지가 갖고 싶던 거잖아. 이번에는 크게 인사해야 받을 수 있어"라고 말한다. 아이가 몸을 꼬며 수줍은 듯 작은 목소리로 "감사합니다"라고 인사하자 아빠는 "에이, 선물 주지 마세요" 한다.

아이의 표정이 울상이 되는데도 아빠는 인사에 대해 아쉬워했고, 겨우 눈물을 참고 선물을 풀던 아이는 아빠의 다음 말에 그만 참았던 울음을 터뜨리고 말았다.

"좋지? 와, 진짜 좋네. 이제 집에 있는 헌 화장대 버려도 되겠다."

내 아이가 목소리 크게 인사를 잘했으면

아이의 인사와 목소리 크기에 부모들은 관심이 많다. 인사와 목소리가 성격과 사회성의 바로미터Barometer라고 생각하기 때문에 인사를 크게 안 하거나 목소리가 작으면 부모는 걱정한다. 3~7살 유아를 둔 부모의 경우에 앞의 에피소드 같은 실제 사례나 상담 사례가 많은 이유도 이 때문이다. 그런데 생각해 보자.

1. 인사를 잘 못 한다는 것은 어떤 기준일까?

2. 목소리가 작다는 기준은 무엇일까?

3. 왜 목소리가 커야 할까?

사실 이 3가지 질문에 뚜렷한 정답이 없으면서도 부모는 막연히 아이가 씩씩하고 활기차게 인사하기를 바라고 목소리가 크기를 바란다. 하지만 중요한 것은 인사와 목소리 크기가 아니라 그것을 대하는 부모의 태도가 아이의 자신감에 영향을 준다는 사실이다. 부모는 단지 인사와 목소리는 크게 해야 한다는 생각에 한 말이지만 아이는 창피함과 부끄러움, 성향에 따라 수치심을 느낄 수도 있다.

만약 부모 기준에서 '인사할 때는 씩씩하게 해야 한다'는 생각으로 아이의 인사하는 목소리가 작아서 걱정된다면 이렇게 해보자. 아이의 인사와 목소리에 대해 부모가 '이렇게 하면 안 되는 2가지'와 '이렇게 하면 좋은 2가지'다.

: 이렇게 하면 안 되는 2가지 :

1 | 다그치지 말자

"안 들리잖아. 크게 해야지."

이 말 자체가 지적하는 말이다. 수줍음이 많거나 부끄럼을 타는 아이에게 '목소리 크게 하라'고 하면 더 위축되고, 목소리는 작아진다.

"그게 뭐야. 목소리 크게 하라니까."

이런 부모의 말에 아이의 목소리는 더 작아지고 자존감도 낮아진다. 자기 존재에 대한 부모의 부정적 인식이 전해지기 때문이다.

2 | 비난하지 말자

"인사도 못 하고…. 바보 아냐?"라든가 "고맙다는 인사도 못 하면 선물도 못 받겠다"처럼 잘못한 듯 비난하지 말자. 아이 나름으로 최선을 다해 인사했고 표현한 건데 비난을 받는다면 '나는 부족하고 못난 아이'라는 자기 부정이 자리 잡는다. 아이가 잘되라고 한 부모의 마음과는 정반대의 결과가 생기는 것이다.

아이를 위한다면 긍정감을 심어주어야 한다. 자존감의 요소 중 '효능감(가치감)'은 긍정감에서 발아된다. 아이의 기준에서는 '인사를 한 것'이다. 이것을 인정해 주어야 자신감과 자존감이 높아진다.

: 이렇게 하면 좋은 2가지 :

1 │ 인정해 주자

아이마다 특징이 있다. 내 아이의 특징은 어떤가. 내성적이고 수줍음이 많다면 인사는 크게, 목소리도 크게 해야 한다는 잣대 대신 아이가 인사한 것에 기준을 두어야 한다. 인사했다는 그 자체를 인정하는 것이다. 그래야 자신감이 생긴다. 자신감이 생겨야 인사도 목소리에도 자신감이 묻어난다.

만약 아이가 큰소리로 인사하지 않았다면 굳이 과장되게 "어유, 인사 진짜 잘하는데!" 할 것까지는 없다. 인사한 자체를 기쁘게 인정하는 말이면 된다.

"우리 딸, 인사했네."

2 │ 보여주자

'아이가 이렇게 했으면 좋겠다'라는 기준이 있다면 부모가 직접 보여주자. 부모가 밝고 크게 인사하고, 잘 들리는 목소리로 말하면 아이는 자연스럽게 보고 배운다. 가르침은 '강요'가 아니라 '보여줌'으로 충분할 때가 있다.

: 아이에게도, 선물한 분께도 좋은 인사의 예 :

"(아이를 보며) 와, 생일 선물 받아서 좋겠구나."

"(선물한 분을 보며) 축하해주셔서 정말 감사합니다."

아이를 단단하게 해주는 부모의 인정과 격려

아이가 잘되라는 마음, 아이를 위한 부모의 마음은 한결같다. 하지만 이 마음을 표현할 때 부모의 마음과는 다르게 표현될 때가 많다. 아이가 인사를 잘했으면 하는 부모의 마음이라면 어떻게 표현해야 제대로 전달될까?

아이가 한 걸 그대로 인정하면 된다. 인사했다면 목소리가 크든 작든 "우리 딸, 인사했구나" 하고 말하는 것이다. 때로 아무 말 없이 아이 손을 따뜻하게 잡으며 인사했음을 인정하는 방법도 좋다.

아이가 작은 목소리로 인사했어도 아이를 바라보며 '잘했어'라는 격려의 마음을 미소로 보여줘도 좋다. 내 아이가 인사도 잘하고 목소리도 컸으면 하는 부모의 마음이 잘 전달되는 건 물론이고 부모의 인정과 격려에 아이의 내면이 단단해진다. 겉으로는 금방 나타나지 않지만 아이는 지금 외유내강의 멘탈을 다듬는 중이다.

최소한 이 말만은 하지 말자.

"인사가 그게 뭐야? 안 들리잖아. 크게 해야지."

"목소리가 너무 작네? 크게 하라고 했잖아."

인간관계가
좋은 아이

Intro 인간관계가 좋은 아이로 키우는 부모의 노하우

'인간은 사회적 동물.'
'인생은 단거리 경주가 아니라 마라톤이다.'
'빨리 가려면 혼자 가고 멀리 가려면 함께 가라.'

인간과 인생에 대한 몇 가지 글을 살펴보았더니 오래도록 건강하고 행복하게 사는 삶, 하버드대학교의 '행복 연구'와 일맥상통한다. 연구에서 밝힌 것은 이 한 가지였다.

'인간관계가 좋으면 오래도록 행복하게 살 수 있다.'

아이의 인간관계와 사회성에 부모는 관심이 많다. 또래와 친구에게 인기가 많고 리더십 있기를 바라는 건 부모의 육아 철학이자 소망이기도 하다. 아이는 집 밖을 나서는 순간부터 관계를 맺어나가야 하며 좋은 관계 속에서 행복하게 놀고, 잘 성장할 수 있기 때문이다. 아이의 관계 맺기는 그만큼 또는 그 이상으로 중요하다.

아이의 인간관계 능력을 중요하게 다룰 이유가 한 가지 더 있다. 바로 '연결의 힘'이다. 잘 연결되고 있다는 느낌은 안정감을 주고 자신감을 높임과 동시에 사랑받고 있다는 애정의 욕구도 채워준다. 심리학자 매슬로우는 인간은 '애정과 소속감의 욕구'가 채워져야 다음 단계인 '존중의 욕구'와 '자아실현의 욕구'에 이를 수 있다고 했다. 소속감은 연결된 느낌이며 연결은 인간에게 강력한 에너지의 원천이다.

소속과 연결의 힘은 아이의 소통 능력과 사회성에 중요하게 작용하며 자신감과 공부로도 이어진다. '대인관계가 좋은 아이들이 자존감도 높다'라는 연구 결과처럼 관계 능력은 자존감과도 직결된다.

하지만 '관계'는 항상 잘 맺을 수만은 없다는 게 문제다. 관계의 특성은 관계를 맺고, 관계를 이어가고, 그 과정에서 꼬이기도 하고 원치 않게 끊어지기도 한다. 아이 역시 자신이 원치 않는 상황에서 따돌림을 당하거나 따돌리는 처지가 될 수도 있고, 무리에서 탈락하거나 잘 지내던 친구와 멀어지는 경험도 한다. 친구가 안 놀아줘서 속상할 때도 있을 것이며 거절당해서 당황스럽고 세상이 캄캄해지는 순간도 경험할 것이다.

부모로서는 '별일 아닌 사소한 것'이 아이에게는 하늘이 무너져 내릴 만큼 '엄청난 사건'이 되어 등원 거부와 등교 거부로 이어지기도 한다. 아이의 인간관계에서 부모의 역할이 중요한 이유다.

문제는 아이의 인간관계는 부모가 일일이 따라다니며 해결해 줄 수 없는 민감한 부분이라는 점이다. 하지만 분명한 것은 아이의 인간관계는 아이의 몫이라고 지켜만 보면 안 된다는 것이다. 아직 어린 미성숙한 아이들의 세계는 성숙한 어른의 세계보다 관계에서 발생할 수 있는 위험 요소가 곳곳에 더 많기 때문이다. 내 아이에게 어떻게 바람직한 관계 능력을 키워줄 수 있을까?

모든 사람과 항상 잘 지낼 수 없다는 것, 모든 사람이 나를 좋아할 수는 없으며 나를 싫어할 수도 있다는 것, 인싸처럼 보이는 친구도 관계의 고민이 있다는 것, 거절당할 수도 있으며 거절할 수도 있다는 것. 이 모든 것이 관계에서 일어나는 자연스러운 일이라는 것을 알려 주어야 아이는 관계를 맺을 때 자신 있게 맺으며 원치 않는 관계의 단절에도 상처를 덜 받는다.

부모는 내 아이가 친구를 바라보는 관점은 어떤지, 지나치게 부정적인 관점에서만 보는 건 아닌지, 상황을 받아들이는 태도는 어떤지, 말투는 어떤지를 관찰하며 인간관계를 잘 맺도록 도와주어야 한다. 그리고 아이 스스로 해결할 수 없는 관계의 문제가 일어날 수 있음도 염두에 두고, 그럴 때 의논할 수 있도록 평소에 아이와 관계를 잘 맺어 소통의 통로를 열어놓아야 한다.

이 장에서는 아이의 인간관계 능력을 높이는 방법과 부모의 역할에 대해 살펴본다. 인간관계가 좋다는 것은 모두와 잘 지내는 것이 아니라 잘 지내지 못할 수도 있다는 전제를 받아들이는 것. 그럼에도 잘 지내려고 노력하고, 노력했음에도 회복이 안 되는 상황도 있다는 것을 받아들이는 것까지다.

아이가 관계에 대해 이렇게 폭넓게 받아들일 때 관계 때문에 힘들어 좌절하거나 끌려다니지 않는다. 타인의 평가에 연연하지 않고, 때로 자신의 마음과 맞는 한 친구만 있어도 괜찮다는 것도 알게 된다. 관계 능력과 자존감이 정비례한다는 사실, 인간관계가 좋아야 오래도록 행복하게 살 수 있다는 행복 연구도 이 장에서 확인할 수 있을 것이다.

대인관계 능력을 높이는
ABC 기법

　오늘도 아이는 유치원 차에서 내리며 뿌루퉁하다. 엄마
는 "왜 그래? 무슨 일 있었어?"라고 묻지 않기로 다짐하며
"잘 놀았어?"라고 긍정적으로 묻는다. 기분 좋은 말투로 기
분도 전환하고 긍정감을 느끼도록 유도하는 질문을 한 것
이다. 그러나 효과는 없었다.

　"몰라. 애들이 나랑 안 놀아줬단 말이야."

　엄마 입에서는 자신도 모르게 한숨이 나온다. 왜 내 아이
는 날이면 날마다 이런 말만 하는 걸까?

　"누가 때렸어. 누가 뺏었어. 누가 놀렸어. 누가 못 놀게

했어. 나랑 안 놀아줬어. 친구들이 나 안 끼워줬어."

내 아이가 삐딱한 걸까? 아이 주변에 이상한 친구들만 있는 걸까? 유치원을 옮겨야 하나?

아이와 손잡고 집으로 걸어오는 동안 엄마는 여러 가지 생각에 사로잡혔다. 이제 몇 개월 후면 학교에 들어가는데 아이가 계속 친구들에 대해 부정적으로 말하니 걱정이 커졌던 것이다.

이 사례와 달리 친구들과 문제가 생기면 "내가 싫은가 봐" "나랑 놀기 싫은가 봐" 등으로 자신 탓을 하는 아이도 있다.

친구 탓하며 상황을 부정적으로 해석하는 아이, 자신 탓하며 상황을 부정적으로 해석하는 아이 모두, 먼저 살펴봐야 하는 것은 아이의 신념 체계이다. 신념이란 어떤 사건이나 자극에 대해서 개인이 갖는 태도로 자신이 믿는 마음이나 생각을 뜻한다. 쉽게 말해 사고방식이다. 아이가 실제 일어난 사건을 두고 '그 사건을 어떻게 생각하는지의 신념 체계'가 아이의 감정이나 행동에 절대적인 영향을 미치는 것이다.

같은 상황도 해석하는 것에 따라 달라진다. '사고방식이 틀렸어'라는 말이 있다. 비합리적으로 생각해 결론 내리는 걸 두고 이르는 말이다. 자신을 괴롭히는 사고방식, 남 탓 하며 관계를 그르치는 사고방식, 상황을 객관적으로 파악 하는 사고방식 등 사고방식에 따라 동일한 사건을 두고도 내리는 결론은 사뭇 다르다.

어린아이들의 경우에는 남 탓과 자신 탓으로 쉽게 돌린 다. 내 아이와 아이 친구들이 이상한 게 아니라 '객관화'가 아직 어렵기 때문이다. 내 아이의 사고방식이 뒤틀리지 않 도록, 객관화 과정을 알려주며 건강한 인간관계를 맺어가 도록 도와주어야 한다. 인간관계는 아이의 내면과 자신감, 자존감과 학습 등 전반에 걸쳐 아주 큰 영향을 미치기 때문 이다.

내 아이의 대인관계 능력을 키우는 기법

합리적 정서 행동 치료REBT의 창시자인 앨버트 엘리스 Albert Ellis 박사의 'ABC 모델'이 있다. 그는 인간은 합리적 사고와 비합리적 사고를 모두 할 수 있는 존재라고 보고 같 은 사건도 어떤 사고를 하느냐에 따라 다른 결과를 도출한 다고 보았다.

： **ABC 모델** ：

- A는 Activating event(사건)
- B는 Belief(신념)
- C는 Consequence(결과)

A는 사건 또는 선행사건이라 하며, 발생한 일이나 문제 상황이다. B는 문제 상황을 어떤 관점에서 해석하고 받아들이는가의 신념으로 B에 따라 C가 결정된다. 합리적으로 생각하는지, 비합리적으로 생각하는지에 따라 결과가 달라지는 것이다. 다음 상황을 보자.

： **상황** ：

아이가 친구들과 함께 놀고 싶은데 그 놀이는 5명이 정원이다. 그런데 이미 5명이 다 찬 상황이라 놀이에 낄 수 없다. 기분이 안 좋아진 아이가 집에 와서 이렇게 말한다.

"친구들이 안 놀아줬어. 앞으로 걔들이랑 안 놀 거야."

이 상황을 ABC로 풀어보면 다음과 같다.

- A(사건)　　　　친구들이랑 놀고 싶은데 놀 수 없었어.
- B(비합리적 신념)　친구들이 나를 싫어해.

- C(결과)   기분 나빠. 그 친구들이랑 안 놀 거야.

앞에서 상황을 어떻게 '생각'하느냐에 따라 기분이나 감정 등 '결과'가 달라진다고 했는데, 만약 아이가 다음과 같이 해석한다면 어떨까.

- A(사건)   친구들이 나랑 안 놀아줬어.
  - → 친구들이랑 놀 수 없었어.
- B(합리적 신념)   친구들이 나를 싫어해.
  - → 그 놀이는 숫자가 정해져 있어서 나를 끼워 줄 수가 없었어.
- C(결과)   기분 나빠. 그 친구들이랑 안 놀 거야.
  - → 못 놀았지만 그럴 수밖에 없었던 거야.

아이가 상황을 바로 이해하고 합리적으로 해석한다면 부정적인 비합리적 신념에 빠지지 않는다. 만약 비합리적인 신념을 반복한다면 부정적 신념 체계가 형성된다. 그렇게 되면 아이는 매사 부정적으로 삐딱하게 볼 뿐 아니라 제대로 볼 생각조차 못 하게 된다.

내 아이의 사고방식은 어떤가?

앞 상황의 진실은 친구들이 안 놀아준 게 아니라 같이 놀 수 없었던 상황이지만 비합리적 신념 체계로 해석하면 '안 놀아줬다, 따돌렸다'라는 부정적 결과가 나온다. 사건을 부정적으로 왜곡하면 무난한 상황도 스스로 못마땅한 상황으로 만들게 되는 것이다.

신념(B)은 사건(A)에 대한 해석을 좌우하고, 해석하는 사고방식에 따라 기분과 행동, 말(C)이 나온다. 뒤틀린 사고방식의 틀은 뒤틀린 상황으로 해석하게 해서 자신을 불행하게 만든다.

내 아이의 사고방식은 어떤가. 아직 틀에 박히지 않은 시기이므로 제대로 해석할 수 있는 틀을 잡아주어야 한다. 아이가 세상을 제대로 바라보고, 사람을 제대로 바라봐야 살아가는 데 힘들지 않다. 부정적 신념 체계가 더 무서운 것은 부정적인 자기 신념에 빠져 자기 동굴에 갇혀 버리기 때문이다. 어렵고 힘든 일이 닥칠 때도 극복하려는 마음보다 포기하게 될 가능성이 커지며 자존감 낮은 특징도 고스란히 나타난다.

'그래, 내가 그렇지 뭐.'

'나한테 좋은 일이 있겠어?'

'사람들은 나를 싫어해. 역시 나는 어쩔 수 없나 봐.'

반응 패턴 관찰과 ABC 질문법

부모는 '~구나' 기법을 대화에 자주 응용한다. 아이의 감정을 읽어주고 공감하는 기법으로 많이 추천되는 "그랬구나"다. 그런데 이 공감 기법을 잘못 사용하면 A(사건)가 생겼을 때 B(신념)를 생략하고 바로 C(결과)로 건너뛰는 역효과를 가져온다. 다음과 같은 경우다.

- A(사건)　　　"친구들이 안 놀아줬다고?"
- C(결과)　　　"그래서 기분이 안 좋았구나."

그런 기분이 든 이유인 B(아이의 생각, 신념)를 건너뛰면 안 된다. 자신의 신념에 대해 객관적으로 생각해 보고 합리적인 결론을 내리게 하려면 무조건 공감이 아니라 '왜 그렇게 생각했는지'에 대한 질문이 필요하다.

친구 사귀기 어려운 아이, 친구에 대해 지속적으로 부정적인 신념을 가지고 있는 아이라면 반응 패턴에 주목하자.

내성적이거나 수줍어하는 성격 때문이 아니라 부정적 반응 패턴이 형성되는 과정일 수도 있다. 그리고 아이의 반응에 대한 부모의 반응 패턴도 확인해야 한다.

: 아이의 반응 패턴 관찰 :

상대 탓 : "누구 때문에"라는 말을 자주 한다.

자신 탓 : "나 때문에"라는 말을 자주 한다.

: (아이 반응에 대한) 부모의 반응 패턴 성찰 :

상대 탓 : 그러니까 그런 친구랑 놀지 말아야지.

아이 탓 : 그러니까 네가 평소에 잘했어야지.

이 2가지 패턴은 긍정적인 신념 체계에 방해가 된다. 부정적 사고 체계와 부정적 반응 패턴을 끊는 방법으로 다음과 같은 질문이 있다.

"무슨 일이 있었는지 말해줄래?"

이 질문은 B(신념)를 돌아보게 한다. 막연한 신념대로 '친구들이 나를 싫어한다'라고 판단하는 것이 아니라 실제 상황을 파악하게 하는 것이다. 이런 질문을 받으면 객관적으로 생각해 보는 객관화 작업을 할 수 있다.

> 엄마 : 무슨 일이 있었는지 말해줄래?
> 아이 : 친구들이 놀고 있어서 내가 같이 놀자고 했는데 인원이 다 찼다고 안 놀아줬어.
> 엄마 : 어떤 놀이였는데?

이렇게 질문하면 아이는 자신이 놀이에 참여할 수 없는 이유를 합리적으로 돌아본다. 이때 부모가 정리해 주어도 좋다.

> 엄마 : 친구들과 놀고 싶어서 같이 놀자고 했는데 게임 인원이 이미 찼기 때문에 놀 수 없었구나.

아이에게 상황을 객관적으로 살피게 하면 상황(A)을 비합리적으로 해석해서 부정적인 신념으로 왜곡하지 않고(B) 기분 나쁘거나 상대 탓을 하지 않는다(C).

하지만 아이들은 아직 스스로 이런 ABC 단계를 거치지 못한다. 자기식대로 해석하는 발달 단계이기 때문이다. 다행히 부모의 질문만으로도 사고방식의 틀을 잘 잡아줄 수 있다. 다만 질문할 때 다음 2가지는 유의해야 한다.

: 1 | **아이 감정을 부정하지 않기** :

"애들이 왜 너랑 놀기 싫어하겠어. 그렇게 나쁘게만 생각하지 말고 친구들이랑 잘 지내려고 노력해 봐." → **NO**

"너는 왜 맨날 부정적으로만 생각해? 그러면 친구들도 싫어해." → **NO**

: 2 | **평가하지 않기** :

"네가 잘못 생각한 거야." → **NO**

"친구들이 너를 미워할 리 없어." → **NO**

비합리적인 신념에 사로잡힌 아이라면 부모의 질문이 더욱 적절해야 한다. 아이를 탓하거나 상황을 왜곡하지 않아야 하는 것이다. 부모의 적절한 질문은 상황을 객관적으로 파악하게 도와준다.

"왜 안 놀아준다고 생각했는지 조금 더 말해줄래?"

이 질문과 대화 과정을 통해 얻은 결론이 설령 '친구들이 따돌렸다'가 되어도 큰 문제가 아니다. 아이는 모두가 나를 좋아하고 어디서나 환영받으며 인기 있을 수 있는 건 아니라는 평범한 진리를 부모와의 대화를 통해 깨달을 수 있기 때문이다.

아이의 반응 패턴 관찰과 ABC 질문법으로 긍정적 신념 체계를 형성시켜 주면 아이는 자신을 괴롭히거나 남 탓하는 사고방식인 부정적 신념에 빠지지 않을 것이다. 인간관계에서도 자신감을 가질 것이며, 좋지 않은 일이 생겼을 때도 자신의 관점에 따라 해석이 다르다는 것을 알게 될 것이다. 내 아이는 합리적 신념으로 세상을 바라보고 해석하는 이런 능력을 갖췄기 때문이다.

- A(사건)　　　문제가 생겼구나.
- B(합리적 신념)　이런 일은 있을 수 있지만…. 어떤 이유였을까?
- C(결과)　　　나의 어떤 부분을 고치면 좀 더 나아질까?

아이의 사회성은
'말투와 표정'이 9할이다

아이가 며칠째 시무룩하다. 공부도 잘하고 자신감이 넘치는 똑 부러진 아이라 별걱정 없었는데 학교에서 무슨 일이 있었던 것 같다. 아이 주변을 맴돌다 마침내 대화하게 된 엄마는 이야기를 듣자 마음이 복잡해졌다. 아이는 며칠간 친구들로부터 왕따가 된 듯한 싸한 느낌을 받은 것이다. 어제는 친구들이 마치 들으라는 듯 "싸가지" "공부 좀 잘한다고… 재수 없어"라는 말을 해서 쳐다봤더니 다음부터는 아예 그림자 취급을 하더란다.

엄마와 딸의 말투와 표정

엄마는 아이와 이야기를 나누면서는 "애들이 너보고 재수 없다고 했다고? 뭐 그런 애들이 다 있니? 내 딸처럼 반듯한 애가 어딨다고"라고 했지만, 교실에서의 상황에 대한 이야기를 다 듣고 나서 곰곰 생각할수록 이런 생각이 들었다.

'내가 딸 친구들이라도 그럴 만하겠다.'

부모로서는 걱정 없는 아이였지만 친구를 그런 식으로 대했다면 또래 관점에서는 재수 없는 아이가 분명했다. 내 아이지만 얄밉게 처신한 것이다. 그런데 아이의 말을 들으면서 엄마는 데자뷔 현상을 느꼈다. 아이의 모습에 엄마 자신이 오버랩되는 듯해서였다. 칭찬도 잘하고 격려도 잘하는 엄마였지만 말 온도와 촉감에서는 딸과 다를 바 없었다.

아이가 거실에서 주방에 있는 자신을 부르면 "엄마한테 가까이 와서 말해야지" 했고, 가까이 와서 말하면 들어는 주었지만 마치 딸이 친구에게 응대할 때와 흡사하게 반응했던 것이다.

사실 엄마의 이런 태도는 크게 잘못된 점이 없다. 아이가 어른에게 용건이 있으면 가까이에 가서 말하는 것이 바람직하므로 잘 가르쳐 준 것이다. 하지만 엄마가 놓친 것이 있다. 부드러운 미소와 따스한 말투, 아이를 바라보며 듣기였다. 엄마는 딸이 교실 상황을 재연할 때 표정과 말투가 그야말로 '엄마 판박이'인 것을 깨달았다. 몸에 뱄기 때문에 자신도 몰랐던 모습을 딸에게서 보았던 것이다. 말투와 표정이 얼마나 중요한지 엄마는 딸을 통해 깨달았다.

아이의 사회성, 말투와 표정이 9할이다

엄마는 딸의 상황을 복기하며 자신의 말투와 태도, 표정을 돌아봤다.

친구 : 지윤아!

아이 : 어, 왜?

친구 : 너, 내일 저녁에 뭐 해?

아이 : 왜?

친구 : 내 생일이라 너도 초대하고 싶거든.

아이 : 나, 내일 가족 모임 있어.

친구 : 그래? 아쉽다. 너도 오면 좋을 텐데.

아이 : 어쩔 수 없지 뭐.

딸이 친구와 나눈 대화다. 딸은 자기가 잘못한 것도 없이 아이들이 그런다고 했지만, 엄마에게는 초대한 친구를 비롯한 초대받은 아이들이 싸, 하게 대하는 이유가 분명히 보였다. 딸의 태도와 말투가 친구들에게 그런 말을 들을 만했다. 딸은 친구가 부를 때 쳐다보지도 않았고, '용건이 뭔데?' 식으로 대했다. 딸이 하던 일이 있어서였겠지만 친구로서는 자신을 쳐다보지도 않고, 초대를 단박에 거절한 기분 나쁜 상황이 된 것이다.

엄마는 딸의 말을 자세히 듣지 않았을 때는 '수업 시간에 질문도 잘하고 공부도 잘하는 당찬 내 아이를 질투하는 거 아닌가?' 했지만 아이들의 입장이 되어보고, 자신을 돌아보니 이유를 확실히 알게 되었다. 딸은 또래에게 잘난 척하는 아이로 비칠 수 있는 소지가 있는 데다 대화에서 보인 말투와 표정, 태도는 거부감이 들기에 충분했다.

• 당참 + 뭐든 알아서 똑 부러지게 잘함 + 공부도 잘함 + 그런데 말할 때 묘하게 기분 나쁘게 말함 = ?

아이들에게도 사회적 눈치가 있다. 말투, 표정, 태도에서 보이는 묘한 느낌을 감지하고 얄밉다, 싫다, 기분 나쁘다, 재수 없다 등 다양한 느낌을 받는 것이다.

'말 이외의 말'이 사회성을 보여준다

표정과 말투는 습관이 되면 노력해도 바꾸기 어렵다. 딱 짚어서 뭐라고 할 수는 없지만 느낌이 별로인 사람이 있다. 차라리 대놓고 잘못했으면 지적이라도 해서 오해를 풀 수도 있지만 묘한 말투와 표정을 가진 사람에게는 딱히 말도 못 하고 가까워지기도 싫다.

말투와 표정은 어릴수록 잘 다듬어주어야 한다. 반복과 정성이 필요한 민감하고 세심한 부분이라서 부모만이 다듬어줄 수 있다. 내 아이는 어떤 아이인가. 미묘하고 작은 차이에서 관계와 사회성이 결정된다.

앞의 상황을 다시 살펴보고, 같은 상황이지만 '다른 반응'과 비교해 보며 아이의 표정과 말투에 대한 구체적이고 바람직한 반응을 알려주자.

: 아이에게 가르쳐 줄 말투와 태도 :

친구 : 지윤아!

아이 : (부른 친구를 쳐다보며) 어, 수민아!

친구 : 너, 내일 저녁에 뭐 해?

아이 : 나, 내일 저녁에 가족 모임 있는데, 왜?

친구 : 내 생일이라 너도 초대하고 싶거든.

아이 : 어머, 축하해. 나도 가고 싶은데…. 정말 아쉽다.

친구 : 너도 오면 좋을 텐데.

아이 : 나도 정말 아쉬워…. 친구야, 생일 축하해.

태도와 표정, 말투가 얼마나 중요한지 느껴지지 않는가. 아이가 교실에서 보인 반응과 부모가 구체적으로 가르쳐 준 바람직한 반응은 많은 차이가 있다. 초대한 친구 입장이 되어보면 차이가 더 크게 느껴진다. 초대에 거절한 것은 같아도 응대에 대한 차이가 관계를 결정짓는다. 재수 없는 아이가 될 수도 있고, 아쉽지만 다음을 기약하는 관계가 될 수도 있다. 아이의 말투와 표정, 태도가 관계를 가름하며 '말 이외의 말'이 사회성을 보여주는 것이다.

아이의 말투와 표정, 태도를 가르치는 부모

아이들끼리의 대화법도 어른들의 대화법과 다르지 않다. 태도와 표정, 따뜻한 말투는 좋은 관계 맺기를 좌우한다. 부모가 아이와의 대화에서 이런 모습을 실제로 보여주면 아이는 부모를 보며 더 잘 배운다. 거울 효과 때문이다.

1. 나를 부르면 부른 상대를 본다.

2. 상대를 바라보며 말을 듣는다.

3. 적절한 반응을 하며 대화한다.

태도와 표정, 말투에 따라 상대에게 가 닿는 말의 온도가 다르다. 차갑고 냉정하게 느껴지는 사람과 마음을 나누고 싶은 사람은 없다. 손익관계가 뚜렷한 경우가 아니라면 그런 사람 곁에 있고 싶지도 않다. 피하고 싶은 사람이다. 아이들은 이런 경우 뭉쳐서 따돌리기도 한다.

내 아이의 말투와 표정을 유의 깊게 보며 사회성과 관계 능력을 키워주자.

"말할 때 표정이 그게 뭐야?"

이렇게 지적하자는 게 아니다. 이런 지적을 하는 엄마의 말투와 태도는 도움이 되지 않는다. 아이의 표정과 태도를 지적하는 게 아니라 부모가 아이에게 바람직한 모습을 보여주어야 한다.

하지만 항상 부드러운 표정과 말투로 반응할 수는 없다. 아이도 마찬가지다. 아이도 갈등 상황이 생기면 화가 나고,

친구들과 다툴 때도 있을 것이며 부당함에 저항할 수도 있다. 그럴 때 표정을 온화하게 할 수는 없지만 침착하게는 할 수 있다. 여러 가지 표현 중에서 골라서 사용할 수 있도록 가르쳐야 한다. "아직 어린아이들이 그럴 수 있을까요? 그건 어른들도 힘든 일인데요"라는 반문이 생길 수도 있지만, 부모의 내면에서 동시에 현답이 떠오를 것이다.

'맞아, 아이들이라 가능해. 습관은 어릴수록 잘 들일 수 있거든.'

태도와 표정과 말투는 시나브로 배우는 것이다

아이들의 관계에서는 '기분 나쁘지 않게'가 더욱 중요하다. 어른들처럼 '무슨 일 있나?' '어디 아픈가?' 등 상대를 배려하거나 다양한 해석을 하지 않기 때문에 그렇다. 아이들은 보고 들은 '그대로' 받아들이기 때문에 어른의 세계보다 더 많은 오해가 생길 수 있다. 그럴 때 징징거리며 우기는 아이, 흥분해서 따지는 아이, 기분 나쁘게 말해서 다른 아이에게 재수 없는 아이로 낙인찍히면 아이는 관계 맺기를 점점 두려워한다.

아이가 속상할 때, 억울할 때, 화날 때의 표정과 말투를 스스로 다듬을 수 있다면 좋겠지만 사실 이건 어른들도 끊임없이 노력해야 하는 부분이다. 어린아이는 자신의 문제가 무엇인지 모를 수 있다. 잘 가르쳐주어 관계의 하수가 되지 않게 하자.

아이에게 말투와 표정, 태도를 알려줄 때 말로만 가르치기는 어렵다. 자연스럽게, 시나브로 배우므로 부모부터 아이를 대할 때 태도와 말투, 표정을 잘 다듬어서 대하자. 그러면 아이는 부모를 보며 느끼고 배운다.

'아, 이렇게 대하는 거구나.'
'이렇게 대해주니까 기분이 참 좋구나.'

이런 느낌이 잔잔히 스며들며 아이는 기분 좋은 관계 맺기를 자연스럽게 배운다. 아이의 말투와 표정을 잘 다듬어주어 사회성과 관계 맺기 능력을 높여주자.

거절하는 능력과
거절당할 때의 태도

'내일은 ○○에게 꼭! 꼭! 오천 원 받을 것!'

아이의 수첩을 본 엄마는 깜짝 놀랐다. 아들이 친구에게 돈을 빌려주고 약속한 날짜에 매번 못 받았는지 꼭! 꼭! 이라는 글씨를 꾹꾹 눌러 쓴 게 보였다.

'아니, 애들이 벌써 돈을 빌려달라고 해? 빌려주고 약속을 안 지키는 건 뭐야? 빌려달라고 빌려주는 아들은 또 뭐지?'

엄마는 처음엔 당황했지만, 아이들끼리도 그럴 수 있겠다는 생각이 들었다. 그래도 짚고는 넘어가야겠다는 마음에 궁리하다 정면 공략하기로 하고 아들을 불렀다.

"아들, 여기 앉아 봐. 엄마가 책상에 뭘 찾으러 갔다가 펼쳐져 있는 수첩을 보게 되었는데 이 내용이 뭐야?"

엄마의 예상대로 아이는 친구에게 5,000원을 빌려주었는데 며칠째 안 갚는다고 말한다. 솔직하게 말하는 아이에게 엄마는 잔소리 대신 신신당부하듯 말했다.

"앞으로 그 친구에게 돈을 빌리거나 빌려주지 마."

엄마는 이만하면 알아들었겠지, 하며 일어나려다 아들의 이 말에 다시 앉아야 했다.

"엄마, 근데 어떻게 안 된다고 말해? 걔가 나한테 치사하다고 욕하면 어떡해?"

엄마는 자신도 모르게 목소리를 높이며 말해버렸다.

"안 된다고 해야지. 뭘 어떡해! 돈 안 빌려준다고 욕하는 그런 나쁜 애가 어딨어? 아까 말했잖아. 안 된다고 확실히 말해야 한다고. 안 그러면 너 호구 되는 거야. 호구가 뭔지 알지?"

엄마는 아들 말에 대답하면서 화가 났다.

'어휴, 어린 것들이…. 도대체 걔 부모는 그런 것도 안 가르치고 뭐 한 거야?'

거절하는 방법을 모르는 아이들

엄마는 돈을 빌려주지 않으면 어떻게 하느냐는 착해빠진 아들에게 순간 화가 났지만 이런 생각이 들었다.

'그렇다면 딱지나 다른 물건을 빌려달라는 건 괜찮은 걸까. 어느 선까지 빌려달라고 해도 되고, 어떤 것은 빌리면 안 되는 것일까.'

그리고 보니 엄마는 아들에게 친구에게 무언가 빌려달라고 할 때 잘 부탁하고, 사용한 후 돌려줄 땐 고맙다고 말해야 한다는 것은 알려줬지만 빌려도 되는 것에 대한 적정 기준을 이야기한 적은 없었다. 그러자 좀 전에 아들 친구를 흉본 것이 반성이 되었다.

사실 어른에게도 난감한 주제가 부탁에 대한 처신이다. 크든 작든 빌려주기 난감한 것도 있다. 속으로는 '어떻게 저런 부탁을 아무렇지도 않게 하지?' 하면서도 "그런 부탁을 어떻게 할 수 있죠?"라고 말하지 못한다. 상대가 민망해하거나 관계가 불편해질까 봐, 시시한 사람이 될까 봐, 혹은 그런 말을 할 용기가 없어서다. 그런 거절의 말을 학습한 적도 없고, 연습한 적 또한 없다.

거절도 잘해야 한다. 거절을 '잘 못 하면' 야박한 사람이 되거나, 관계에 문제가 생긴다. 예를 들어, 돈은 빌려주는 순간 못 받는다고 생각해야 한다거나, 돈을 빌려준 순간 그 사람과 인간관계 끝난다는 말을 아는데도 분명하게 거절하는 게 정말 쉽지 않다. 하지 않을 부탁을 한 건 상대임에도 거절하지 못한 사람이 골치 아픈 문제를 통째로 떠안기도 한다. 그래서 부모는 아이에게 이런 문제에 대해 알려주고 개념을 가르쳐주어야 한다. 그러면 아이는 관계를 불편하게 할 원인을 최소화할 수 있다.

거절할 상황을 만들지 않아야 관계가 편안하다

아이들 세계에서 거절할 것과 부탁하면 안 되는 것을 구체적으로 생각해 보자. 앞 사례의 엄마는 '5,000원 사건' 즉 돈 문제라 더 걱정했지만, 이번 기회에 돈뿐만 아니라 빌려도 되는 것과 안 되는 것, 부탁하면 안 되는 것, 거절하는 것에 관한 이야기를 나누어야 한다. 특히 세상이 자기중심으로 돌아가는 아이들의 관점에서는 자기 부탁을 '거절한 사람'이 '나쁜 아이'로 인식될 수 있다. 부탁을 안 들어준 내 아이가 이상하고 나쁜 아이가 되거나 내 아이 또한 다른 아이에게 해서는 안 되는 부탁을 해서 상대 아이를 나쁜 아이로 만들면 안 된다. 빌리지 않아야 하거나 부탁하지 말아야 할 것의 경계를 아는 것은 관계에서 지킬 중요한 매너다.

관계 능력을 길러주려면 상대에게 부탁할 게 있고, 안 되는 것이 있음을 구체적으로 알려주어야 한다. '잘' 거절하는 것도 중요하지만 '거절할 만한 부탁을 하지 않는 것'이 먼저다. 서로 나누고, 빌려주고, 빌려 쓰는 것만이 사이좋게 지내는 방법은 아니다. 그것 때문에 불편한 관계가 되지 않도록 예방하는 것이 중요하다. 부탁할 것이 있고, 부탁하지 않을 것도 있다는 것을 알면 거절할 일, 거절당할 일도 줄어든다. 인간관계에서 발생하는 문제를 최소화할 수 있다. 시작은 이렇게 하면 된다.

"친구에게 빌릴 것이 있고 그렇지 않은 것도 있어"

그리고 구체적으로 알려주는 것이다.

1 | 소모품의 경우

소모품은 말 그대로 사용하면 없어지는 물건이다. 이런 물건은 아주 급할 때가 아니면 빌려 달라고 하지 말아야 한다. 만약에 빌려 썼다면 "사용 후 바로 돌려주어야 해"라고 알려주자. 예를 들어 지우개를 빌린 아이가 자신의 책상에 계속 놓고 사용하면 정작 빌려준 친구가 그 지우개를 사용해야 할 때 불편하다는 것을 아이들은 모른다. 자신의 물건임에도 돌려 달라고 말하지 못하는 일도 있다. 이런 세세한 부분은 부모가 알려주지 않으면 아이들은 모를 수 있다. 상대방의 입장이 되어 생각하는 역지사지는 아직 어린아이들에게는 쉽지 않은 일이기 때문이다.

2 │ 돈이나 기타

"만약에 네게 10,000원이 있는데 친구가 돈을 빌려달라고 해. 너는 빌려주고 싶지는 않아. 어떻게 할래?"

"빌려주기 싫으니까… 돈이 없다고 할 거야."

"근데 그 친구가 네가 10,000원이 있다는 걸 알아. 그런데 너는 빌려주기 싫어. 어떻게 할까?"

"그럼 빌려줘야 해?"

"만약에 그 친구가 약속한 날에 돈을 돌려주지 않으면 어떻게 하지?"

이런 '만약에…' 대화가 아이의 거절 방법을 생각해 보게 할 것이다. 아이들은 부탁을 들어주는 것이 가장 좋은 선택이라고 생각할지 모른다. 그래야 착한 아이라고 생각할 수도 있다. 아이와 '만약에…' 활동을 하면 예측 능력을 길러 줄 수 있다. 현재를 살아가는 아이들은 미래에 일어날 문제를 예측하지 못하고 부탁을 들어주었다가 관계가 나빠질 수도 있다.

"야, 빌려준 거 오늘 준댔잖아. 근데 왜 안 줘?"
"야, 너 왜 그렇게 쪼잔하냐. 내가 안 준다고 했어? 준다고! 아, 치사해."

빌려준 친구가 고마운 친구가 되는 게 아니라 치사한 친구가 되는 상황이 될 수 있고 자기 것만 챙기는 이기적인 아이라는 험담을 들을 수도 있다. 들어주지 않을 부탁을 들어줬다가 이기적인 아이로 몰리는 것이다.

아이는 이런 만약에 활동을 통해 '나도 친구에게 그런 것은 빌려 달라면 안 되겠구나'를 깨닫는다. 아이와 빌려달라면 안 되는 것과 그 이유를 더욱 구체적으로 이야기 나누자. 학용품에 대한 것은 물론 일상 용품에 대한 것도 나누면 좋다.

한 엄마는 여행지에서 룸메이트가 자신의 머리빗을 빌려달라고 했는데 빌려줄 수 없었다. 엄마의 기준에서는 빗은 자기 신체에 닿는 물건이기 때문이었다. 빌려달라고 한 사람은 사소한 부탁이라고 생각해서 부탁했을 텐데 자신은 그런 작은 부탁조차 못 들어준 까다롭고 야박한 사람이 된 것 같아 여행 내내 불편했다고 한다. 누군가에게는 빌려도 될만한 것이지만 누군가에게는 빌려줄 수 없는 것이 있다. 그 엄마의 경우에는 신체에 직접 닿는 물건이 그랬다.

이런 섬세한 관계 예의는 어른이 되어 배울 수 있는 개념이 아니다. 아이와 신체에 직접 닿는 물건이나 핸드 로션 등 소모되는 물건을 빌리는 건 어떤지 이야기 나누자. 로션 같은 건 빌린 후 다시 돌려준다고 해도 이미 사용한 만큼 소모된 것이므로 엄밀히 말해서 '빌린 것'이 아니라 '써버린 것'이 된다.

이런 기준은 무난한 성격에 맞추지 말고 예민하고 까다로운 성격에 맞춰야 한다. '그까짓 거'로 무난하게 생각하며 편하게 빌리는 사람이 '그런 건 절대 안 되는' 기준을 가진 사람을 불편하게 하기 때문이다.

3 | 부탁할 일을 최소화하기

거절하고 거절당하는 건 관계 맺음에서 빈번하게 일어날 수 있다. 그래도 내 아이가 거절을 덜 당했으면 좋겠다면 부탁할 일, 빌려야 할 상황을 최소화해야 한다. 준비물 등을 잘 챙긴다면 빌릴 일이 줄어든다. 아이 스스로 할 줄 아는 게 많다면 부탁할 일도 적다.

4 | 거절하고 힘들어하는 아이에게

거절하고 힘들어하는 아이라면 "그건 거절할 수밖에 없는 거야. 네가 잘못한 게 아니란다"라며 부탁을 받는다고 다 들어줄 수는 없다는 걸 일깨워주면 갈등이 줄어든다. 정당한 거절도 못 하면 아이는 실리적인 면, 정서적인 면에서 손해를 보고 산다.

관계에서 일어날 수밖에 없는 거절에 대해 알려주는 부모는 아이에게 세상을 모나지 않게 받아들이고, 실리도 추구하는 능력을 키워준다. 거절하고 힘들어하다 관계를 끊는 선택을 한다면 내 아이는 잘못한 것도 없이 손해 보는 인생을 사는 것이다. 거절도 하며 관계를 유지하는 힘이 관계를 잘 맺는 능력이다.

5 | 부탁하기와 거절하기

어쨌든 내 아이는 부탁하는 사람이 될 수 있고 부탁받는 사람도 될 수 있다. 이 2가지 면을 잘 알려주며 관계 능력을 키우게 하자. "미안하지만, 내가 ○○을 빌려 쓸 수 있을까?"라며 기분 좋게 부탁하는 방법과 언제까지 빌린다는 것을 상대에게 말해주는 것이다.

예를 들면 연필의 경우에는 '오늘 수업 끝날 때까지'가 될 수도 있다. 빌려달라는 사람이 말하지 않으면 빌려주는 사람이 "언제까지 쓸 건데?"라고 물어야 한다. 빌려달라는 아이가 빌려주는 사람의 불편을 최소화하는 게 관계 예의다.

예의를 지켜 부탁했음에도 "싫어. 안 돼!"라는 거절을 당하는 상황도 생긴다. 분명한 건 아이가 요청하면 모두 '예스(Yes)'하지 않는다는 엄연한 현실을 알려주는 것이다. 상대가 싫다고 하는 건 상대의 권리이므로 거절하면 토 달지 말고 받아들일 것. 부탁은 내가 하지만 결정은 요청받는 사람의 몫이라는 것. 이런 관계 매너를 부모가 아니면 누가 이렇게 정성 들여 잘 가르칠 수 있겠는가.

부모가 아이들 세상에 끼어들어 일일이 정리해줄 수는

없다. 하지만 예측하고, 예상하는 활동을 통해 '처신' 방법을 알려주면 아이들 관계가 안전해진다. 그럼에도 가끔 관계의 불편함과 모순도 겪겠지만 아이는 부모의 가르침을 응용해서 잘 풀어나갈 것이다. 그리고 거절에 대해 이렇게 받아들일 것이다.

"거절할 수도 있어. 거절당할 수도 있어"

아이의 소통 능력을 키우는 방법

아이가 쾅, 하고 현관문 소리를 내며 들어온다. 기분이 좋지 않은가 보다. 순간 엄마 마음도 안 좋아져서 좋게 물어봐야 하는 걸 알면서도 퉁명스러운 말이 나와버린다.

"그렇게 해서 현관문 부서지겠어? 왜? 또 왜 그래? 오늘은 뭐가 문제인데?"

엄마는 더 말하려다가 아이 얼굴을 보니 심상치 않아서 숨 한 번 고르고 조금 부드럽게 묻는다.

"무슨 일 있었어?"

아무 대답 없이 방으로 들어가는 아이를 뒤따라 들어갔

는데 아이가 침대에 엎드린다.

"왜 그러는 건데? 엄마한테 말해줘야 알지."

"몰라. 창피해. 다시는 혜정이랑 안 놀 거야. 엄마도 걔네 엄마랑 친하게 지내지 마."

혜정이라면 아이와 유치원 때부터 친한 친구다. 초등학교 다니면서는 약간 데면데면한 것 같지만 그래도 집에도 놀러 가는 사이인데 앞으로 안 놀 거라고 한다. 아이를 침대에서 일으켜 세우니 눈자위가 발갛다. 달래고 달래서 이야기의 전후를 듣는다. 딸이 혜정이를 만났는데 편의점에서 아이스크림을 사서 나오더란다. 딸이 "나 한 입만" 했는데 혜정이가 "너 별명이 한 입만이야? 맨날 한 입만이래!" 그러더니 "쪼금만 먹어. 나도 이거 좋아한단 말이야" 했다고. 어쨌든 딸이 혜정이의 아이스크림을 한 입 먹었는데….

여기까지 듣던 엄마는 "난 또 뭐라고. 먹으라고 해서 먹었잖아. 뭐가 문젠데?" 했다.

"거봐. 그러니까 내가 엄마한테 말 안 하지. 맨날 그게 뭐가 문젠데? 그러잖아. 걔가 나보고 한 입만이 내 별명이라잖아. 걔도 나한테 맨날 한 입만, 한 개만 달라고 그런다고. 난 아무 말 안 하고 나눠준단 말이야. 내가 한 입 좀 크게 먹었더니 하마 같대. 다른 친구들도 그 말 듣고 웃잖아.

창피해서 죽는 줄 알았단 말이야!"

그러더니 엎드려 엉엉 울기 시작했다. 속이 상한 엄마는 방 밖으로 나오며 말했다.

"네가 거지야? 왜 맨날 한 입만 달래? 그리고 혜정이 걔, 그렇게 안 봤는데 아주 못됐구나."

엄마는 말하면서 자신의 실수를 깨달았지만 엎질러진 물이 되고 말았다. 가뜩이나 속상할 텐데, 네가 거지냐고 하다니. 어른답지 못하게 아이 친구인 혜정이를 못된 애라고 말한 것도 마음에 걸렸다. 딸이 다시 혜정이와 친해질 수 있는데 그렇게 되면 '못된 애'랑 친하게 지내는 것 아닌가. 아이에게는 "말해줘야 엄마가 알지"라는 말을 해놓고, 정작 도움 될만한 조언은 해주지 못했다는 게 못내 아쉬웠다.

아이의 친구 문제, 사소한 것이 없다

아이와 친구 사이의 일은 도무지 조언하기가 쉽지 않다. 아이가 불쾌한 감정을 보이면 부모도 부정적 감정에 휩싸여서 아이를 아프게 하는 말이 먼저 나온다. 사랑하는 아이에게 감정이입이 바로 되기 때문이다. 그래서 이야기를 끝까지 듣기 어려워진다. 아이의 감정을 빨리 정리해 주고 불쾌한 시간을 최대한 단축하고도 싶다. 평소에 아이의 말을 끝까지 듣고, 감정선을 따라가며 공감을 해주려고 결심하지만, 막상 육아 현실에 부딪히면 부모의 의지대로 안된다.

아이의 친구 관계에서 생긴 문제는 아이 혼자 해결하기 힘들 때가 많다. 고만고만한 또래들끼리의 문제는 어른의 관점에서는 사소하고 시시한 일 같지만, 아이에게는 학교에도 가기 싫을 만한 큰일일 수 있다. '그게 뭐가 문제인데?'가 아니라 '그게 아주 큰 문제'인 것이다.

아이의 친구 문제를 대하면 사소한 것이 없다는 마음으로 아이와 마주해야 한다. 그래야 아이 편이라는 느낌을 주면서도 공정하게 풀어갈 수 있다. 무심코 하는 조언 중에 이런 말을 한다면 공감해 주는 것이 아니라 문제가 생기면 인간관계를 끝내라는 부정적 조언을 하는 것이다.

"착한 우리 딸한테 걔가 그랬다고? 걔 그렇게 안 봤는데 아주 이상한 애 아냐?"

"진짜 창피했겠다. 너도 앞으로 걔한테 아무것도 주지 말고 잘해주지도 마."

이러면 관계에서의 위기를 기회로 전환해주고 싶은 부모의 마음과는 정반대의 메시지를 주게 된다. 그렇다면 거절당해서 속상하고, 창피를 당해서 다시는 그 친구와 놀지 않겠다는 아이에게 부모는 어떤 도움을 줄 수 있을까?

거절은 할 수도 있고 당할 수도 있다

아이가 친구와 어긋나는 일, 망신당했다고 생각하는 일, 창피한 일을 겪고 속상해할 때 부모는 대화의 기본을 지키는 것으로 시작해야 한다.

첫 번째, 아이 말을 듣고, 또 듣는 것이다. 잘 들어야 전체 맥락을 파악할 수 있고, 아이는 말하는 동안 자신의 감정을 정리할 수 있다. 말하면서 사건을 좀 더 객관적으로 바라보므로 자신이 생각한 만큼 그렇게 엄청난 일이 아님을 스스로 깨닫기도 한다.

대화의 기본이지만 친구에게 창피당하고 온 아이의 이야기는 좀 더 세심한 태도로 들어야 한다. 관계 맺기라는 고난도 능력을 길러주는 절호의 기회지만 대충 듣고 판단해서 조언한다면 나쁜 관계 기술만 가르치게 된다.

두 번째, 어떤 상황에도 아이 친구를 깎아내리는 말을 하면 안 된다. 아이는 '현재'에 충실한 특징이 있어 현재 기분이 나쁜 것에 초점을 맞추지만 '내일'은 그 친구와 다시 친해질 수 있다. 부모가 아이의 현재 감정에 함께 휩쓸려 그 친구를 깎아내리면 안 되는 것이다. 이런 반응은 그릇된 관계 맺음을 무의식중에 가르치는 것이나 마찬가지다.

세 번째, 이 일을 기회로 거절당하는 것에 관한 이야기를 나눈다. 모든 인간관계에서 거절이라는 갈등은 일어나기 마련이다. 그때마다 인간관계를 끊는다면 주변에 남아날 사람이 없다. 거절할 수도 있고, 거절당할 수도 있는 것이 인간관계다. 마침 아이가 이런 문제를 겪었다면 거절하는 법과 거절당할 때의 태도라는 관계 기술을 가르칠 기회다. 아이로서는 관계의 위기를 맞았지만 몇 가지 도움을 준다면 관계의 기술을 배울 수 있다. 아이에게 거절할 권리가 있음을 인식시켜 주면서 상대 또한 거절할 권리가 있다는 것을 알려주는 것이다.

아이는 거절당할 수도 있고, 거절할 수도 있으며 반승낙 반거절도 할 수 있다. 거절당하는 것에 대해 '있을 수 있는 일'이라고 받아들이는 것과 '있을 수 없는 일'로 받아들이는 것은 매우 다르다. 관계란 늘 편안하게 유지되는 것이 아님을 안다면 아이에게 닥치는 관계의 위기는 위기가 아니라 자연스럽게 일어나는 일일 뿐이다.

아이가 '거절당했을 때' 창피함과 무안함을 느끼더라도 조금은 의연하게 대처할 수 있도록 가르쳐주자. 거절당했을 때의 무안함을 줄이는 방법으로 입장 바꿔 생각해 보는 '역할놀이'가 좋다. 아이가 상대의 입장이 되면 배려하며 거절하는 방법도 배우는 효과가 있다.

: 관계의 기술, 역할놀이로 풀어나가는 예 :

상황 : 내가 먹고 있는 아이스크림을 친구가 '한 입만' 먹겠다고 하거나 내가 한 입만 달라고 하는 경우

1) 나도 얻어먹은 적이 있거나 거절하는 것이 옳지 않다고 생각한다면 상대가 말한 것을 상기시키며 분명히 자신의 의견을 말하기
   "한 입만 달라고? 알았어. 한 입만 먹어야 해."

2) 만약에 나눠줄 수 없는 상황이라면 나눠줄 수 없다는 의견 말하기
   "미안해, 나도 이거 정말 먹고 싶어서 망설이다 산 거야. (또는

안 되는 이유를 확실히 말하기)"

3) 한 입 얻어먹었을 때는 고맙다고 말하기
    "○○야, 고마워. 맛있게 먹었어."

거절은 상대의 선택과 권리라는 것을 가르쳐주자

아이에게 누군가 요청한다고 다 들어줄 수 없다는 것을 알려주어야 한다. 거절한 사람이 잘못한 것이라는 생각은 관계에서의 갈등을 커지게 한다. 아이들은 자기중심적인 발달 과정이라 이런 이분법적 단정을 짓기 쉽다.

- 내 부탁을 들어주면 = 좋은 사람
- 내 부탁을 거절하면 = 나쁜 사람

'부탁을 받은 사람에게 선택 권한이 있다'라는 것을 알면 거절을 당해도 덜 무안하다. 부탁을 들어주거나 거절하는 건 부탁받은 사람의 자유이자 선택이라는 걸 알면 거절당했을 때 이런 말도 안 할 것이다.

    "너도 나한테 부탁하지 마. 알았지?"

"나도 너한테 앞으로 아무것도 안 줄 거야."

만약 아이가 이런 말을 했다면 상대의 '선택의 자유'를 인정하지 않는 것이라는 걸 모르기 때문이다. 부탁을 들어주지 않은 친구에게 하는 적절한 말도 아이에게 알려주면 좋다.

"알았어. 괜찮아."

거절하는 것은 상대의 권리라는 것을 알려주면 선택을 강요하는 아이도, 선택을 강요당하는 아이도 없으므로 아이들 관계가 편안해진다. 아이가 어릴 때부터 관계 능력을 갖춘다면 거절당하는 건 자연스러운 것이고 상대가 나빠서도 아니라는 사실을 알게 될 것이며, 관계를 끊는 방법이 아닌 좀 더 현명한 방법을 선택할 것이다.

아이가 상대의 거절 의사를 존중하도록 키우면 상대 아이도 내 아이의 거절을 존중하며 받아들일 것이다. 아이들에게 이런 관계 능력을 길러준다면 우리 아이들, 어디 내놓아도 걱정 없다.

내 아이가 친구 아이스크림 한 입 얻어먹고 하마 같다는 말을 들었을 때 이런 유연한 관계 능력을 발휘하도록 키우

자. 부모의 꾸준한 가르침이 있기에 가능할 것이다.

"다음엔 네가 내 아이스크림을 하마처럼 크게 한 입 먹어. 맛있었어. 고마워."

아이도 '관계' 때문에 힘들다

직장인을 대상으로 한 설문 조사에 의하면 직장 내 스트레스 1위는 '인간관계'다. 직장을 그만두고 싶게 하는 가장 큰 스트레스 원인이 인간관계일 정도로 '관계'는 삶 전체를 좌우한다. 행복한 관계까지는 바라지도 않는다. 무난하기만 해도 성공적인 관계임을 알기 때문이다. 그만큼 어려운 것이 관계를 잘 맺어나가는 것이다.

아이들 세계에서도 관계 문제는 중요하다. 아이들도 학교라는 사회 속에서 관계로 인해 즐거울 때도 있지만 그에 못지않게 스트레스를 받고 있다. 아이들의 관계 스트레스

요인 중 큰 부분을 차지하는 게 '무리 짓기'와 '무리에서의 탈락'이다.

아이들은 학기가 시작되면 서로를 탐색하는 시기를 거쳐 무리를 짓는다. 2명의 친한 아이가 있다면 다른 2명의 아이와 친해져 4명의 무리가 만들어지는 패턴이다. 그렇게 무리 지어 지내다가 맞지 않으면 무리에서 빠져나오기도 하지만 무리에서 탈락당하는 아이도 있다. 무리에 속하고 싶은데 그렇지 못하다면 소외감을 느끼는 등 학교생활이 힘들어진다.

어른들이 사직하고 싶은 이유 1위가 인간관계 문제인 것처럼 아이들도 관계 문제로 학교를 그만두고 싶을 정도로 악화되기도 한다. 그렇다고 "무리 짓는 건 나쁘니까 그런 거에 휩쓸리지 말고 공부만 잘하면 돼"라는 말은 할 수 없다. 인간은 무리 짓고 싶은 본능적 욕구를 가졌으며 무리에 속해야 안정감을 느끼는 사회적 동물이기 때문이다.

이렇게 또래와 무리 지어 다니는 것은 자연스러운 본능이라 온전히 아이의 몫이지만, 무리에서 탈락하였을 때 느끼는 상실감과 소외감은 아이 혼자 해결할 수 없는 문제가 된다.

만약에 아이가 그 무리에 속하고 싶어 안간힘 쓰며 희생하고 참았음에도 무리에서 탈락당했다면 이미 마음의 상처가 깊어진 상태다. 부모는 아이가 친구 문제로 심각해지면 어쩔 줄 모르거나 '알아서 하겠지!' 하며 믿고 기다리다 도와줄 기회를 놓치기도 한다.

아이도 관계 때문에 힘들고 아프다

"너희들 왜 우리 애한테 그러니? 친구끼리 사이좋게 지내야지." 이렇게 아이의 친구들을 찾아다니며 일일이 조언할 수도 없다. 그렇다고 아이에게 이런 조언을 한들 전혀 도움이 되지 않는다.

"걔들이랑 몰려다니지 마. 몰려다닐 생각하지 말고 공부만 열심히 해. 그럼, 애들이 너한테 몰려들게 돼 있어."

지금 아이는 친구 문제로 세상이 캄캄해서 공부할 의욕이 하나도 없는데, 엄마는 공부하라는 말만 하고, 그러면 다 해결될 거라고 결론짓는다면 아이와 관계만 멀어질 뿐이다.

아이가 또래 관계로 힘들어할 때 생각 같아서는 친구들

다 불러놓고 거창한 파티라도 해주며 사이좋게 놀라고 부탁하고 싶다는 부모도 있다. 하지만 설령 그렇게 해주어도 이 노력은 단발성에 그칠 뿐 효과가 없다는 걸 부모라고 모를까. 부모는 아이들의 인간관계에 개입하는 것은 한계가 있다는 것과 강제로 맺어주거나 끊어놓을 수 없다는 것을 안다. 그래서 더 답답하지만, 아이의 또래 문제는 부모가 잘못 나서면 더 꼬인다는 사실을 잊지 말자. 돕는 것과 나서는 것은 본질부터 다르다.

아이의 모든 문제가 그렇듯 관계에 대한 것도 아이의 몫임을 잊지 말고 문제에 접근해야 한다. 누구와 어울릴 것인가, 원치 않게 무리에서 탈락하였을 때는 어떻게 할 것인가를 판단하고 행동하는 것은 아이에게 달렸다. 이걸 인정하고 접근해야 아이가 관계 문제로 힘들어할 때 부모가 현실적인 도움을 줄 수 있다. 부모는 친구들과의 무리에서 탈락당하고 힘든 아이를 위해서 무엇을 어떻게 해야 할까?

부모가 도와줄 2가지

첫 번째는 아이가 '부모님은 내 편'이라고 느끼게 해야 한다. 이는 심리적으로 지지를 받고 있다고 느끼게 하는 정서적 지지로 아이가 이런 지지를 받는다고 느끼면 문제의 핵심에 제대로 접근하게 된다. 부모가 아이 편이 되어 준다는 건 무조건 아이가 잘했다고 하는 게 아니다. 설령 네가 잘못한 부분이 있더라도 우리는 너의 입장이 되어 함께 문제를 해결할 의지가 있다는 부모의 마음을 보여주는 것을 의미한다.

부모의 심리적 지지가 바탕이 되면 아이는 일어난 일을 솔직하게 말한다. 아이가 빼거나 보태서 말하면 부모의 도움에 한계가 생기지만 아이가 부모를 심리적 지지자로 느끼며 가감 없이 말하면 전체 맥락을 파악하게 되므로 문제해결에 좀 더 가까워진다.

아이가 자신의 힘든 문제를 부모에게 '솔직하게 다 말한다는 것'은 엄청난 일이다. 혼날까 봐, 실망하게 할까 봐 말하지 못하고 혼자 고민하며 문제를 키우는 아이가 의외로 많다. 심리적 지지야말로 아이의 모든 문제에 접근하는 첫 번째 솔루션인 이유다. 이런 지지가 바탕이 되면 아이는 부모에게 솔직히 말한다. 이때 부모는 대화의 기본을 지키며 최선을 다해 들어주면 된다.

두 번째는 구체적인 도움이다. 아이는 심리적 지지를 바탕으로 다 말하고, 부모는 최선을 다해 들어주면 대화하는 동안 문제해결책이 자연스럽게 나온다. 부모가 하던 일을 멈추고, 네 이야기가 세상에서 가장 중요하다고 말해주며 공감하고 진지하게 들어주는 것보다 더 좋은 적극적인 해결 방법은 없다.

요약하면 다음과 같다.

1. 우리는 네 편이고
2. 지금은 네 문제가 가장 중요하며
3. 그동안 힘들었을 텐데 견디며 학교생활을 해왔다니
   정말 대견하고
4. 솔직하게 말해줘서 고맙다.

이런 부모와 함께하는 아이는 부모와의 시간을 통해 자기 일을 좀 더 객관적으로 살펴볼 기회를 얻는다. 적극적인 경청과 공감의 분위기에서 부모와 이야기 나누는 동안 아이 스스로 문제해결의 방법이 떠올라 이렇게 말할 수도 있다.

"엄마, 그 친구들 말고 다른 애들도 많으니까 다른 친구들하고 잘 지내면 돼?"

부모는 아이의 내면에서 이런 메시지가 떠오르게 할 수
도 있다.

'나만 그런 거 아니야. 인간관계에서 그런 일은 일어날 수 있는
일인 거야. 하늘이 무너지는 일 같지만, 이 일도 지나갈 거니까
힘들지만 잘 이겨내자. 그러려면 내가 지금 할 수 있는 최선은 무
엇일까?'

그런데 부모는 아이 스스로 이런 결론에 닿기까지 기다
리지 못하고 빨리 해결하고 싶은 마음이 앞선다. 최선을 다
해 적극적으로 들어주고 공감하는 것을 머리로는 알지만,
입에서는 이런 말이 불쑥 나온다.

"그러니까 무리 지어 몰려다니는 거 조심하랬잖아."
"하라는 공부는 안 하고 애들이 왜 나쁜 어른들이 하는 짓을 따
라 하니? 요즘 애들은 정말…"

이런 말은 힘든 아이에게 전혀 와닿지 않는다. 부모가 아
이의 이야기를 최선을 다해 들어주고 스스로 해결책을 찾
을 때까지 기다려주면서 도움을 주는 것이 말처럼 쉽지는

않지만, 이런 정성 어린 접근은 부모만이 해줄 수 있다.

계속 좋을 수만은 없어,
누구에게나 그런 고민은 있단다

아직도 아이가 스스로 해결책을 내놓지 않았다면 부모의 도움이 더 필요하다. 아이가 절망하지 않고 자기 자신을 믿도록 도와주어야 한다. 자신에게만 이런 일이 생긴 거라는 생각은 고민을 더 크게 만든다. 누구에게나 있을 수 있는 일이라고 받아들이면 세상이 무너지는 것 같은 좌절은 안 한다.

이런 일이 특별히 나에게만 찾아온 고통은 아니라는 것, 어른들끼리도 맞지 않는 사람, 잘 맞았다가 갈등이 생기는 일도 있다는 것. 이상한 게 아니라 지극히 정상적이라는 것을 받아들이도록 상황에 맞게 말해주자.

"누구에게나 일어날 수 있는 일이야. 어른들도 잘 지내다가 다시는 안 볼 사람처럼 다투기도 해. 우리 눈에 슈퍼 인싸처럼 보이는 사람도 소외감을 느끼고 힘들어한단다."

누구에게나 일어나는 일이라는 것을 알려줄 때도 이런

말은 금물이다.

"친구들이랑 지내다 보면 그럴 수 있는 거지. 인간관계는 원래 다 힘든 거야. 너만 그런 게 아니고 다 그래. 뭘 그걸 가지고 며칠 씩이나…. 난 또 무슨 큰일 난 줄 알았네. 얼른 기분 풀고 앞으로 애들이랑 잘 지내."

아이를 위로하고 고민을 빨리 털어주고 싶어서 한 말이 겠지만 힘든 감정을 무시하고 축소하는 '축소 전환형' 감정 처리 방식일 뿐이다. 아이들은 또래가 전부일 만큼 또래와 맺는 관계가 행복과 불행을 좌우한다. "공부 잘하면 언젠가 네게 친구들이 모여들어"라는 미래형의 말 또한 지금 또래 관계로 힘든 아이에게는 들리지 않는다.

책을 펼칠 수 없을 정도로 힘든 아이를 안으며 네가 힘든 걸 충분히 공감하고, 엄마와 아빠는 앞으로도 너와 계속 이 이야기를 나눌 것이라고 이야기해 주자. 또래와의 문제는 하루 이틀에 해결되지 않기 때문이다.

부모는 언제나 든든한 버팀목이 되어야 한다

무리에서 자주 탈락하거나 무리를 자주 변경하는 경우

라면 이런 문제가 반복적으로 일어나는 근본적인 문제를 짚어보고 도움을 주어야 한다. 무리 속에 속하지 않으면 불안감이 높고, 무리에 속해야 한다는 강박을 가졌다면 무리의 부탁을 무조건 들어주거나 끌려다니면서도 맞춰주려고 지나치게 애쓸 수도 있다. 아이의 불안이 높아서일 수도 있지만 건강한 관계에 대해 몰라서 그럴 수 있다. 친구가 여러 명이 아니어도 괜찮다는 것을 알려주어야 한다.

무리 강박감이 있는 아이는 무리에 속해 있어야 안정감을 느낀다. 만약 인정욕구로 목마른 아이라면 저자세를 취하거나 끌려가면서도 인정욕구를 채우려고 하므로 부모가 적극적으로 이 욕구를 충족시켜주며 심리적 지지자가 되어야 한다.

자기만의 시간을 갖는 것도 나쁘지 않음을 아이가 아는 것도 좋다. 그러다 보면 자신과 비슷한 속 깊은 친구를 만난다. 자신과 잘 맞는 딱 한 명의 친구와 잘 지내는 소중함을 알면 인간관계는 '양'보다 '질'이라는 관계의 가치도 알게 될 것이다.

아이에게 친구 문제가 생기면 부모부터 흔들린다. 애들이 크다 보면 그럴 수 있다고 생각하면서도 마음을 잡기가 쉽지 않다. 하지만 아이에게 든든한 버팀목이 되어 지지자의 역할을 끝까지 해내려면 부모가 단단해져야 한다.

아이가 마음을 터놓고, 충분히 위로받으며 관계의 가치를 재정립하도록 부모가 그 곁을 지켜주면 아이는 다시 힘을 얻어 자신과 맞는 친구를 만나고, 탈락한 무리와 어떻게 지낼지도 깨닫는다. 아이의 친구 문제는 성장 과정에서 일어나는 아픔이지만 내면이 단단한 부모의 도움이 있다면 성장통을 잘 이기고 한 뼘 더 성장하는 계기가 될 수 있는 것이다.

집안일 잘하는 아이,
혼자 할 수 있는 게 많은 아이

- 3~4살부터 '이것'을 도운 어린이는 가족·친구 관계가 좋을 뿐 아니라 직업적 성공도 이뤘다.
- 어렸을 때부터 '이것'을 하면 책임감, 성취감, 자존감이 높아지고, 학문적으로 더 발전하며 타인에게 무엇이 필요한지 살펴보는 감성 능력도 발달한다.
- 아이의 성공을 바란다면 공부만 시키지 말고 '이것'부터 시작해야 한다. 이것은 성공을 위한 첫걸음이다.

책임감, 성취감, 자존감, 관계 능력, 직업적 성공, 감성 능력, 공부 등 부모가 아이에게 장착해 주고 싶은 모든 것을 가능케 한다는 '이것'. 심지어 아이의 성공을 위해서 공부만 시키지 말고 이것부터 시작해야 한다고 연구에서는 강조한다. '이것'의 정체는 무엇일까?

어린이 84명의 성장 과정을 추적 분석한 결과 3~4살부터 '집안일'을 도운 어린이는 10대가 넘어서야 돕기 시작한 아이들보다 자기 만족도가 높았으며 직업적 성공도 이뤘다고 연구는 밝혔다.

어릴 때부터 어른을 도와 집안일을 많이 한 아이는 숙달력, 통찰력, 책임감, 자신감을 얻게 돼 여러 분야에 도움이 된다고도 강조했다. 집안일을 통해 다른 사람이 필요로 하는 것이 무엇인지 알기 때문에 성장해서도 타인을 도우며 더불어 사는 삶 속에서 행복감을 느낀다는 것이다. 월스트리트저널(WSJ)에 실린 미네소타대학교 마티 로스만Marty Rossman 교수 연구팀의 연구 결과다.

집안일 잘하는 아이가 성공하는 이유

어느 날 엄마가 커피를 내리려는데 아이가 "엄마, 내가 만들어줄까?" 한다. 그 말을 들은 엄마는 이렇게 말해놓고는 스스로 한 말에 놀랐다.

"저리 가. 하라는 공부나 하지 무슨…."

엄마는 '행복은 성적순이 아니야, 요즘은 공부가 전부는 아닌 것 같아'라고 자주 말해왔음에도 결국 자신도 아이가 공부에만 집중하기를 바라는 마음, 공부만 잘하면 된다는 고정 관념에 사로잡혀 있다는 것을 깨닫고는 씁쓸했다고 고백했다.

"아무 생각 말고 공부만 해"

부모라면 한두 번 했을 법한 말이다. 그런데 한편 부모가 의문을 품고 고민하는 지점이기도 하다. 앞에서 고백한 엄마처럼 '요즘은 공부가 전부는 아닌 것 같다'라는 어렴풋하지만 확실한 고민이다. 그렇다고 "공부는 중요한 게 아니야"라고 말할 수는 없다. 아이에게는 시기마다 성취해야 할 과업이 있듯 학교에 다니는 시기에 공부하는 것은 아이가 마땅히 수행할 매우 중요한 일이기 때문이다. 그런데 '아무 생각 없이 공부만' 하다가는 '일상에서 무능력한' 사람이 된다.

'스트리트 스마트'한 아이로 키우자

내 아이는 세계를 무대로 글로벌하게 살아갈 것이다. 그만큼 집을 떠나는 일이 잦고, 스스로 할 일이 많다. 집안과 집 밖의 일, 남자와 여자의 일이라는 경계도 사라졌다. 책상에서는 똑똑하지만 일상생활에서 무능하다면 총체적으로 성공할 수 없는 구조가 된 것이다.

이제 내 아이를 돌아보자.

'내 아이는 스트리트 스마트Street Smart 한가?'

'스트리트 스마트'는 일상에서 똑똑하다는 의미로 현실 감각이 뛰어나다는 용어로 사용한다. 바야흐로 콜라보레이션 시대에는 융합과 협력 등 조직의 생리를 빨리 파악하고 상대가 무엇을 원하고 필요한지 살펴보는 능력이 필수다. 이러한 능력을 갖춘 사람을 스트리트 스마트한 사람이라고 하며 대체적인 특징은 이렇다.

- 제 앞가림을 잘하고 스스로 할 수 있는 게 많은 사람
- 어딜 가든 적응을 빠르게 하고 조화를 이뤄 성과를 내는 사람

내 아이가 이렇게 성장하길 바란다면 '어릴 때부터 집안 일을 도우며 자란 아이가 성취감, 자신감, 책임감이 높아 공부도 잘하고 성공할 확률도 높다'라는 앞의 연구를 상기하자. 사실 연구 결과를 떠나 생각해 봐도 집안일은 공부, 사회성, 인성과 매우 긴밀하다.

- 집안일이 무엇인지 파악하는 것은 전체 맥락을 파악하는 능력을 키운다.
- 구성원으로서의 할 수 있는 일을 알고, 그 역할을 해내며 책임감이 높아진다.
- 필요한 것을 알고 도우며 공감하는 능력, 정서 지능이 높아진다.
- 집안일을 하면 부모로부터 칭찬과 지지를 많이 받아 성취감과 자존감이 높아진다.

분명한 건, 아이가 몇 살이든 집안의 구성원이므로 구성원으로서의 1인분을 해야 한다는 점이다. 그런 의미에서 집안일을 하는 건 '선택'이 아니라 '필수'다. 그리고 잘 해내야 한다. 내 아이는 집안에서 무엇을 도와주고 있는가? 내 아이가 할 수 있는 집안일은 어떤 것이 있을까? 귀차니즘이

심한 아이라면 어떻게 집안일에 동참시킬 수 있을까?

처음에는 '집안일을 돕는다'에서 시작해 '스스로 혼자 할 수 있는 게 많아진다'로 확장하자. 스스로 할 수 있으면 자립심이 높고, 하려는 의욕도 높다. 자기주도학습을 포함해서다. 놀랍게도 집안일 습관을 들이기와 자기주도학습 습관을 들이는 과정이 똑같다.

- 아이가 할 수 있게 도와주기 → 성취감과 유능감 느끼기 → 실력 올리기 → 스스로 하기

생활력은 곧 생존력이다

아이가 집안일을 한다는 것은 부모를 대신해서 하는 게 아니라 '부모와 함께하는' 의미다. 돕는 것에서 차츰 아이 스스로 잘하도록 다음 몇 단계로 진행해 보자.

1 | 계획과 구체성 : 무엇을 할지 구체적으로 정하기

집안일의 종류 등 이야기를 나누고 아이가 할 수 있는 일을 정한다. 아이의 흥미로 접근하는 방법이 좋다.

- 기계를 좋아한다면 세탁기, 청소기, 커피 머신 등 기계로 할 수

있는 일로 접근하면 흥미도가 높다.

- 옷이나 신발에 관심 있다면 신발, 옷 정리를 함께해 보자. 같이 하면서 유행하는 옷 이야기나 보관하는 방법에 관해서 이야기를 나누는 일은 어떤가. 연예인이나 인플루언서들의 스타일에 대해서도 재밌게 공유하며 '꿈' '직업'에 대한 이야기까지 확장할 수 있다.

- 우편물 가져오게 하기, 분리수거 같이하기, 반려동물과 반려 식물 돌보기 등도 있다. 분리수거는 분류라는 수학적 개념을 실생활을 통해 알게 하고, 반려 동식물을 돌보며 책임감과 정서 지능을 높일 수 있다.

2 | 구조화 : 꾸준하게 해서 구조화하기

중요한 건 일회성이 아니라 꾸준함이다. 매일 반복되는 집안일을 꾸준하게 하도록 한다. 식사 관련, 이불 정리, 세탁 바구니에 세탁물(사용한 수건, 양말 등) 가져다 놓기 등이다. 구조화는 쉽게 말해 반복을 통해 습관이 되게 하는 것이다. 집안일도 학습과 같다. 꾸준함으로 구조화되어야 몸에 익고, 점점 더 쉬워지며, 난이도를 조절할 수 있다.

3 | 레벨화 : 컴퓨터 게임처럼 레벨화, 단계 높이기 등으로 더 즐겁게 동참시키기

- 숟가락 놓기, 식사 전후 식탁 닦기, 식탁 위 반찬 통 배치하기 등은 꾸준하게 실천할 수 있고 쉬워서 3살부터 전 연령 가능하다.
- 냉장고에서 반찬 통 꺼내기는 소근육 발달, 눈과 손의 협응력이 필요하므로 초등 1학년부터 돕도록 한다. 너무 일찍 시작하면 실수로 떨어뜨리거나 깨뜨려서 겁먹는 등 의욕이 떨어질 수 있다.
- 학습의 난이도에 맞춰야 학습 능률이 오르듯 집안일의 난이도가 아이에게 알맞아야 해내는 기쁨을 느끼고 또 하고 싶어진다.

4 | 칭찬과 격려 : 자신감과 성취감을 느끼도록 듬뿍 칭찬하기

가정의 구성원으로서 당연히 할 일을 했을 뿐이라는 반응은 지속성을 떨어뜨린다. 칭찬의 단계를 도입하면 성취감과 자신감, 자존감을 높이는 효과가 있다.

: 칭찬의 단계 :

- 시작 단계 : "도와줘서 고마워."
- 중간 단계 : "이렇게 잘 도와줄 수 있는 사람이 됐구나."
- 스스로 하는 단계 : "이제 혼자서도 할 수 있을 만큼 잘하는구나."

5 | 물질적 보상보다 정서적 보상

마땅히 할 일에 물질적 보상을 주는 건 이치에 맞지 않는다. 집안일 하면 용돈을 주어 경제 교육과 연관시키는 경우가 있지만 칭찬과 격려를 통한 정서적 보상으로 성취감, 유능감을 느끼게 하는 것이 장기적으로 훨씬 효과적이다.

집안일을 도우면 인성·사회성·학습 능력이 올라간다

학습과 집안일의 공통점이 있다. 꾸준히 해야 하며, 할 때 힘들고, 어떤 때는 하기 싫으며, 안 하기 시작하면 점점 더 하기 싫어진다. 아이가 집안일을 하고 나면 칭찬과 격려를 아끼지 말고, 한 일의 결과가 긍정적임을 확인시켜주는 것이 좋다.

예를 들면 "분리수거 하니까 다용도실이 깨끗해졌네" "화분에 물을 주어서 식물이 잘 자라겠네" 등으로 행동에 대한 긍정적인 결과를 말해주면 보람, 성취감을 느끼며 더 잘하고 싶어진다. 빨래를 개면서 '개운함, 깨끗함, 향기로움'이라는 어휘도 사용하고, 빨래 개기를 통해 알맞은 모양으로 개는 방법을 가르치며 공간 개념, 양말 분류와 짝 맞추기로 수학적 개념도 익힐 수 있다.

처음에는 하는 방법을 알려주고, 그 다음에는 함께하고, 하기 싫어할 때 격려하면서 스트리트 스마트한 사람으로 키우자. 스스로 할 줄 아는 게 많다는 자체가 유능함이다. 일상의 유능함이 생존력, 책임감, 성취감, 자존감, 관계 능력, 감성, 공부, 성공으로 연결되는 건 너무도 당연하다.

집안일에 대한 아이들의 솔직한 의견이 눈에 들어오는 흥미로운 블로그 글이 있었다. 집안일을 꾸준히 하면 좋은 점에 대한 의견에 성숙함도 보였다.

'지금 안 하면 커서도 못 한다.'
'운동도 되고 뿌듯해서 일거양득이다.'
'커서 하려면 잘 못 하니까 어렸을 때부터 해야 한다.'
'많은 경험을 하게 되고 그걸 다른 직업(요리: 요리사, 옷 정리: 디자이너, 반려동물: 수의사, 반려 식물: 플로리스트)으로 연결할 수 있다.'

이 아이들이 집안일을 하면 좋은 점으로는 '성취감, 책임감, 자신감, 공감 능력, 인내심, 집중력, 직업 체험'을 꼽았는데 그중에 더욱 눈여겨볼 점이 있었다. '엄마와 아빠께 칭찬받는다'라는 점을 장점으로 꼽은 것이다.

만약 아이가 집안일을 했을 때 부모님이 "하려면 제대로 해야지" "이렇게 정리하면 어떡해. 크기대로 놔야지" 한다면 어떨까. 자신이 한 일에 부정적 비판과 조언을 들으면 의기소침해지고 자신감이 낮아지며 하고 싶은 의욕도 떨어진다.

친절하게 알려주고, 같이 하면서 성공을 경험하게 하고, 성취를 칭찬해 주며 아이의 일상생활 능력을 올려주자. 생활력은 적응력이자 생존력이다. 스스로 할 줄 아는 게 많은 사람이 자신감을 가지고 성취해 나간다. 내 아이가 집안일에서 유능하도록 키우자. 집안일 잘하는 아이가 공부도 잘하고, 집안일 잘하면 공감 능력, 정서 지능이 높아지며 할 수 있는 게 많은 아이가 결국 성공한다.

멘탈이 강한 아이가 결국 해냅니다

1판 3쇄 2025년 1월 20일

지은이 임영주
펴낸이 정연금
펴낸곳 (주)멘토르출판사
진행 전희경
교정 김하영
편집디자인 디박스
일러스트 시니노니

등록 2004년 12월 30일 제 302-2004-00081호
주소 서울시 광진구 능동로 331(중곡동, 2층)
전화 02-706-0911
팩스 02-706-0913
이메일 mentorbooks@naver.com
ISBN 978-89-6305-945-7 (13590)